普通高等院校计算机科学与技术专业面向应用系列教材

计算机导论

（第2版）

主　编　张万民

副主编　金发起　李　磊　王晓玲
　　　　陈振军　孙俊国

U0234467

北京理工大学出版社
BEIJING INSTITUTE OF TECHNOLOGY PRESS

内 容 简 介

本书是计算机类相关专业的基础课"计算机导论"的配套教材,可供应用型本科和高职院校学生选用。本书概括讨论计算机学科主要研究的基本问题和重要应用技术、新一代信息技术发展等内容,帮助学生了解计算机类专业培养什么样的人才;学生应该学习什么知识和技能,用什么方法来学习;一名合格的大学毕业生应该具备什么样的素质和能力。同时,本书可使学生对计算机类专业人才培养体系有一个大概的了解,为后续专业课程的学习打下良好的基础。

本书共分11章,分别是"计算机发展与专业概述""数制和编码""计算机系统""互联网基础""数据库系统""软件与程序设计""网站建设基础""物联网技术及其应用""电子商务""企业管理与信息化""新一代信息技术与就业"。

图书在版编目(CIP)数据

计算机导论 / 张万民主编. — 2 版. —北京:北京理工大学出版社,2020. 9
(2021.9重印)
ISBN 978 – 7 – 5682 – 9011 – 1

Ⅰ. ①计…　Ⅱ. ①张…　Ⅲ. ①电子计算机 – 高等学校 – 教材　Ⅳ. ①TP3

中国版本图书馆 CIP 数据核字(2020)第 167201 号

出版发行 / 北京理工大学出版社有限责任公司
社　　　址 / 北京市海淀区中关村南大街 5 号
邮　　　编 / 100081
电　　　话 / (010)68914775(总编室)
　　　　　　(010)82562903(教材售后服务热线)
　　　　　　(010)68948351(其他图书服务热线)
网　　　址 / http://www.bitpress.com.cn
经　　　销 / 全国各地新华书店
印　　　刷 / 三河市华骏印务包装有限公司
开　　　本 / 787 毫米 × 1092 毫米　1/16
印　　　张 / 14　　　　　　　　　　　　　　　　　责任编辑 / 钟　博
字　　　数 / 329 千字　　　　　　　　　　　　　　文案编辑 / 钟　博
版　　　次 / 2020 年 9 月第 2 版　2021 年 9 月第 2 次印刷　　责任校对 / 周瑞红
定　　　价 / 36.00 元　　　　　　　　　　　　　　责任印制 / 李志强

第2版　序言

进入21世纪20年代，以人工智能、云计算、大数据、物联网、5G移动通信、区块链、虚拟现实、量子计算等为代表的新一代信息技术产业呈现出蓬勃发展之势，新技术、新应用、新产品、新模式、新业态随着IT的发展不断涌现。据"互联网女皇"玛丽·米克尔发布的2019年互联网趋势报告显示，到2018年年底，全球网民规模达到38亿，占世界总人口的51%。另据中国互联网络信息中心发布的《第45次中国互联网络发展状况统计报告》显示，截至2020年3月，中国网民规模为9.04亿，互联网普及率达64.5%。国家发改委宣布2019年我国网上零售额已经达到10.6万亿元，较上一年增长16.5%。2020年年初新冠肺炎疫情出现后，以网络购物和网上服务为代表的新型消费展现出了强大的生命力，新型消费成为我国经济发展的新动能，也为信息技术的普及，尤其是网络授课、网络购物、居家办公等起到了非常大的促进作用。

随着信息技术的进步，2016年出版的《计算机导论》教材，无论在信息技术覆盖面，还是在内容的深度方面都暴露出许多不足，当然也存在文字表述不妥的地方。修订该教材势在必行。

本次修订中，基本内容框架与第1版没有太大的变化，只是根据信息技术发展的新形势，以及前4年授课过程中发现的问题，对每一章节的内容进行了较大幅度的修订，并强化了课程思政内容。本次修订主要增加了关于第五代计算机的讨论；强化介绍了我国在计算机领域取得的成绩；增添了量子计算、区块链、MVC开发模式、Python语言、工业物联网、车联网的相关内容；添加了跨境电商模式、P2P金融模式、软文营销、网络视频直播营销的内容；增加了人工智能、5G、IPv6地址的内容深度。

本书第9章由金发起副教授完成修订初稿，第5章由李磊老师完成修订初稿，其余各章均由张万民教授完成修订工作，王晓玲副教授、陈振军高级工程师对第8章"物联网技术及其应用"提出了很好的修改意见，孙俊国副教授完成第7章的审校工作，王晓玲副教授完成了大部分章节的审校工作。全书由张万民教授统稿。

感谢修订本书过程中李红军老师、刘春强院长和第1版的所有编写者提供帮助，以及本书成稿时郑永果教授、常中华教授、冯志杰教授的鼎力相助，他们的支持保证了本书的顺利完成。

由于水平所限，书中还会存在这样或那样的问题，欢迎读者提出批评意见。索要电子课件、对本书提出修改意见请发送邮件至电子邮箱1044219308@qq.com，不胜感激。

编　者
2020年5月于黄岛

第1版　序言

在 2015 年 3 月 5 日第十二届全国人民代表大会第三次会议上，李克强总理在政府工作报告中首次提出"互联网＋"行动计划，引起各界的强烈反响。专家指出，"互联网＋"行动计划将重点促进以云计算、物联网、大数据为代表的新一代信息技术与现代制造业、生产性服务业等的融合创新，发展壮大新兴业态，打造新的产业增长点，为大众创业、万众创新提供环境，为产业智能化提供支撑，增强新的经济发展动力，促进国民经济提质、增效、升级。

2015 年 3 月 25 日，李克强总理在主持召开国务院常务会议时，又提出了"中国制造2025"的总体规划，进一步部署加快推进实施"中国制造 2025"，实现制造业升级，坚持创新驱动智能转型，加快从制造大国向制造强国转变。"中国制造 2025"规划是以体现信息技术与制造技术深度融合的数字化、网络化、智能化制造为主线，也就是说其基础和核心是"互联网＋"计划，是"互联网＋"计划在我国制造业中的应用，是德国的"工业 4.0"思想在我国的具体实施计划。

KPCB（Kleiner Perkins Caufield & Byers）公司的玛丽·米克尔女士于 2015 年 5 月 27 日所发布的《2015 年互联网趋势报告》让我们看到了她对这个行业的具有前瞻性的判断。1995—2014 年这 20 年间，互联网用户的渗透率发生了天翻地覆的变化，从 1995 年的 0.6%（3 500 万人）发展到了 2015 年的 44.5%（32 亿人）。互联网人口构成也变化显著。1995 年互联网用户绝大部分来自美国（61%）和欧洲（22%），到了 2014 年，亚洲已经占据了半壁以上的江山，中国占 23%，亚洲其他地区占 28%。得益于移动设备相对于个人计算机的便携性、价格低廉等优势，2014 年移动用户的渗透率几乎比互联网用户翻了一番（73%），人口达到了 52 亿，其中智能手机用户占 60%，这也意味着智能手机至少还有 20 亿人口的发展空间。从互联网的发展趋势看，用户数量尽管增速放缓，但发展态势良好；流量增速强劲，视频日益占主导；上网成为工作生活的一部分，现在美国成年人每天在数字媒体上消耗的时间达到 5.6 小时。作为推动互联网快速发展的移动互联网、大数据、云计算、物联网等新兴计算技术的发展形势迅猛，以这些新技术为基础的新的应用层出不穷，正在影响和改变着人们的工作和生活方式。

计算机科学与技术是推动互联网新技术发展的核心技术，所有互联网应用都是由掌握计算机科学与技术的人才完成的，人才是 21 世纪社会和技术发展的源动力。计算机类专业就是要培养适应和推动该领域技术进步的优秀人才。

"计算机导论"是计算机及相关专业的基础课和专业课的先导课。本书概括讨论计算机学科主要涉及的基本内容和重要应用，帮助学生了解计算机类专业培养什么样的人才；学生应该学习什么知识和技能，用什么方法来学习；一名合格的大学毕业生应该具备什么样的素质和能力。同时，本课程的学习可使学生对计算机类专业人才培养体系有一个大概的了解，为后续专业课程的学习打下良好的基础。

为适应计算机相关专业学生的实际状况和满足应用型人才培养目标的要求，经过几轮研讨，编者对课程内容进行了改革，充分考虑学生未来的就业环境和企业用人需求，也充分考虑学生的实际状况，本着学有所需、学有所用、学有所长的原则组织教材内容，符合应用型院校对人才培养的实际要求。

本书共分 11 章，基本上每一章针对一个专题进行概括性介绍，具有通俗性、趣味性、先进性和职业性的特点，除基本知识和基本理论等基础内容之外，本书所涉及的技术基本都是当今计算机领域最新和最流行的技术。本书对计算机相关专业也在第 1 章加以简要介绍，涉及专业课程体系的设置、大学学习的方法，以及大学生能力培养的拓展等，以使学生了解学科，热爱专业，确立学习目标；为使学生对 IT 企业有一个感性的认识，建议安排一次参观 IT 企业的活动，使学生与企业经理、专家面对面地进行交流，从而使其对未来的就业环境有一个初步的印象。

本书各章的编写人员分别是：第 1 章和第 2 章由王振友教授编写，第 3 章由崔守良老师编写，第 4 章由刘建华高级工程师编写，第 5 章由李磊老师编写，第 6 章由张万民教授编写，第 7 章由孙俊国教授编写，第 8 章由陈振军高级工程师编写，第 9 章由金发起老师编写，第 10 章由王志岐高级工程师编写，第 11 章由李永光老师和张万民老师教授编写。全书由张万民教授和王振友教授统稿。

感谢编写本书最初稿的李红军老师，试用过程中提出建议的庞海杰教授，以及本书成稿时鼎力相助的郑永果教授、刘连新教授、冯志杰教授，他们使本书顺利完成。

由于水平所限，书中肯定会存在这样或那样的问题，甚至错误，欢迎读者提出批评意见。对该教材的修改意见和建议请发送到电子邮箱 1044219308@ qq. com，不胜感激。

编　者

2016 年 5 月于黄岛

CONTENTS 目录

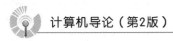

第1章

<<<<<<

计算机发展与专业概述

知识目标

（1）了解计算机的发展历史及发展趋势；
（2）掌握计算机的概念、特点、分类及其应用领域；
（3）熟悉计算机科学与技术学科的基本内涵；
（4）了解计算机相关专业的人才培养目标及培养规格。

纵观世界文明史，人类先后经历了农业革命、工业革命、信息革命。每一次产业技术革命，都给人类的生产生活带来了巨大而深刻的影响。现在，以互联网为代表的信息技术日新月异，引领了社会生产新变革，创造了人类生活新空间，拓展了国家治理新领域，极大地提高了人类认识世界、改造世界的能力。互联网让世界变成了"鸡犬之声相闻"的地球村，相隔万里的人们不再"老死不相往来"。可以说，世界因互联网而更多彩，生活因互联网而更丰富。①

——中华人民共和国主席　习近平

1.1　计算机发展概述

　　诞生于 20 世纪 40 年代的电子数字计算机（简称"计算机"）是 20 世纪最重大的发明之一，是人类科学技术发展史上的一个里程碑。半个多世纪以来，计算机科学技术有了飞速的发展，计算机的性能越来越好、价格越来越低、应用越来越广泛。时至今日，计算机已经广泛地应用于国民经济以及社会生活的各个领域，计算机科学技术的发展水平、计算机的应用程度已经成为衡量一个国家现代化水平的重要标志。

1.1.1　计算机的诞生

　　计算机作为一种计算工具，可追溯到中国古代。早在春秋战国时代（公元前 770 年—公

---

　　①　摘自习近平主席在第二届世界互联网大会开幕式上的讲话。

元前 221 年），我们的祖先已使用竹子制作的算筹完成计数，在唐代出现了早期的算盘，在宋代已有算盘口诀的记载。17 世纪后，西方产业革命的到来推动了计算工具的进一步发展，在欧洲出现了能实现加、减、乘、除运算的机械式计算机。

20 世纪初，电子管的诞生及电子技术的迅速发展，为电子技术和计算技术的结合奠定了基础。同时，由于第二次世界大战的爆发，各国为了夺取战场上的胜利，都加大了研制高质量武器的力度。为了解决弹道曲线的计算问题，1943 年，在美国陆军部的主持下，美国宾夕法尼亚大学莫尔电工学院的 John Mauchly 和 Presper Eckert 博士开始研制世界上第一台真正的计算机 ENIAC（Electronic Numerical Integrator And Calculator，如图 1－1 所示）。经过不懈的努力，他们终于在 1945 年年底研制成功 ENIAC，在 1946 年 2 月 15 日正式举行了揭幕仪式。ENIAC 重 28 t，占地 170 m^2，使用了 18 000 多个电子管、5 000 多个继电器与电容器，耗电 150 kW，运算速度为 5 000 次/s。这个庞然大物的诞生，使运算速度和计算能力有了惊人的提高，完成了当时人工所不能完成的重大课题的计算工作。因此，ENIAC 也成为计算机发展史上的里程碑。

美籍匈牙利数学家冯·诺伊曼于 1946 年提出存储程序原理，把程序本身当作数据来对待，程序和该程序处理的数据用同样的方式储存。冯·诺伊曼理论的要点是：计算机的数制采用二进制，计算机应该按照程序顺序执行。人们把冯·诺伊曼的这个理论称为冯·诺伊曼体系结构，从 ENIAC 到当前最先进的计算机几乎都采用冯·诺伊曼体系结构，所以冯·诺伊曼是当之无愧的数字计算机之父。

1.1.2 计算机的发展历程

根据采用的电子器件和架构方式的不同，可把计算机的发展历程分为以下 5 个阶段。

1. 第一代计算机（1946—1958 年）

第一代计算机所处的时代称为电子管时代。第一代计算机的特征是采用电子管作为主要逻辑元件，用穿孔卡片机作为数据和指令的输入设备，用阴极射线管或容量小的声乘延迟线作为主存储器，用磁带作为外存储器。数据表示的主要方式是定点方式，用机器语言或汇编语言编写程序。这个时期的计算机主要用于科学计算，以及军事和科学研究方面的工作。

其代表计算机有 ENIAC、IBM650（小型机）、IBM709（大型机）等。

典型事件：①1946 年，第一台电子数字积分计算机 ENIAC 在宾夕法尼亚大学诞生，如图 1－1 所示；②1950 年，电子离散变量自动计算机 EDVAC 出现，实现了冯·诺依曼的二进制和存储程序的思想。

中国第一台通用电子管数字电子计算机诞生于 1958 年 8 月 1 日，称为 103 机，仅能完成 4 条指令的运算，采用定点 32 位二进制，每秒运算速度为 2 500 次，成为我国计算技术学科建立的标志。1 年后，104 机，能进行浮点 40 位二进制运算，每秒运算速度达 1 万次。

图 1－1　ENIAC

2. 第二代计算机（1959—1964 年）

第二代计算机所处的时代称为晶体管时代。第二代计算机的特征是用晶体管代替了电子管，用磁芯体作为主存储器，用磁带、磁鼓和磁芯作为外存储器，引入了变址寄存器和浮点运算部件，利用输入/输出（Input/Output，I/O）处理器提高了输入/输出操作能力。第二代计算机在软件方面建立了子程序库和批处理管理程序，开始使用管理程序，后期使用了操作系统，并且推出了 FORTRAN、COBOL、ALGOL 等高级程序设计语言及相应的编译程序。计算机的应用扩展到了数据处理和自动控制等方面。

其代表计算机有 IBM7090、IBM7094、CDC7600 等。

典型事件：①1954 年，IBM 公司制造了第一台晶体管数字计算机 TRADIC，增加了浮点运算；②1958 年，IBM 1401 成为第二代计算机的代表。③1965 年，中国科学院计算所成功研制了我国第一台大型晶体管计算机——109 乙机，并对 109 乙机加以改进，两年后推出了 109 丙机，在我国"两弹"试制中发挥了重要作用，被用户誉为"功勋机"。

3. 第三代计算机（1965—1971 年）

第三代计算机所处的时代被称为集成电路时代。第三代计算机的特征是用小规模集成电路（Small Scale Integration，SSI）或中规模集成电路（Middle Scale Integration，MSI）来代替晶体管等分立元件，用半导体存储器代替磁芯存储器，用磁盘作为外存储器。其运用微程序设计技术简化处理机结构，提高其灵活性。在软件方面，其广泛引入多道程序、并行处理、虚拟存储系统和功能完备的操作系统，同时还提供了大量面向用户的应用软件。为了充分利用已有的软件资源，解决软件兼容性问题，人们发展了多种系列机。此时计算机和通信技术紧密结合起来，广泛地应用于科学计算、数据处理、事务管理、工业控制等各个领域。

其代表计算机有 IBM360 系列、富士通 F230 系列等。

典型事件：①1964 年，IBM S/360 诞生，它开创了计算机兼容性的时代—有史以来第一次允许产品线中以及其他公司的各个产品型号协同运行，它是计算机史上最成功的机型之一，具有极强的通用性。②1973 年，北京大学与北京有线电厂等单位合作，成功研制运算速度为每秒 100 万次的大型通用计算机；1974 年，清华大学等单位联合设计，成功研制 DJS－130 小型计算机，以后又推出 DJS－140 小型机，形成了 100 系列产品。

4. 第四代计算机（1972—2006 年）

第四代计算机所处的时代称为大规模和超大规模集成电路时代。第四代计算机的特征是以大规模集成电路（Large Scale Integration，LSI）和超大规模集成电路（Very Large Scale Integration，VLSI）为计算机的主要功能部件，用 16KB、64KB 或集成度更高的半导体存储器部件作为主存储器，用大容量的软、硬磁盘作为外存储器，并引入了光盘。在系统结构方面，人们发展了并行处理技术、多机系统、分布式计算机系统和计算机网络等。在软件方面，人们发展了数据库系统、分布式操作系统、高效可靠的高级语言及软件工程标准化等，并逐渐形成软件产业部门。此外，人们还进行了模式识别和智能模拟以及计算机科学理论的研究。完善的系统软件、丰富的系统开发工具和商业化的应用程序大量涌现。通信技术、计算机网络和多媒体技术的飞速发展，标志着计算机迈入了网络时代。

第一阶段是 1971—1973 年，微处理器有 4004、4040、8008。1971 年，英特尔公司研制出 MCS 4 微型计算机（CPU 为 4040，4 位机），后来又推出以 8008 为核心的 MCS-8 微型计算机。

第二阶段是 1973—1977 年，此阶段为微型计算机的发展和改进阶段。微处理器有 8080、8085、M6800、Z80。初期产品有微型公司的 MCS-80 型（CPU 为 8080，8 位机）。后期有 TRS-80 型（CPU 为 Z80）和 APPLE-Ⅱ型（CPU 为 6502），它们在 20 世纪 80 年代初期曾一度风靡世界。

第三阶段是 1978—1983 年，此阶段为 16 位微型计算机的发展阶段，微处理器有 8086、8088、80186、80286、M68000、Z8000。微型计算机代表产品是 IBM-PC（CPU 为 8086）。此阶段的顶峰产品是苹果公司的 Macintosh（1984 年）和 IBM 公司的 PC/AT286（1986 年）微型计算机。

第四阶段是从 1983 年开始，是 32 位微型计算机的发展阶段。微处理器相继推出 80386、80486。由其制造的微型计算机是初期产品。1993 年，英特尔公司推出了 Pentium（或称 P5，中文译名为"奔腾"）微处理器，它具有 64 位的内部数据通道。Pentium Ⅲ（或称 P7）微处理器已成为主流产品，Pentium Ⅳ已在 2000 年 10 月推出。

和国外一样，我国第四代计算机研制也是从微型计算机开始的。1980 年年初我国不少单位开始采用 Z80、X86 和 6502 芯片研制微型计算机。1983 年 12 电子部六所成功研制与 IBM 微型计算机兼容的 DJS-0520 微型计算机。

5. 第五代计算机（2006 年以后）

从第一代到第四代计算机采用的都是冯·诺伊曼体系结构。关于第五代计算机的分类在学术界还没有统一的结论，结合当今计算机的发展现状，多数学者认为第五代计算机应该有人工智能计算机、超级计算机、云计算、量子计算机 4 种说法，之所以称它们为第五代计算机，很大程度上是因为它们不同程度地扩展，甚至突破了冯·诺伊曼体系结构的局限，从制造器件上也打破了传统单一超大规模集成电路的结构限制，代表了当今最先进的、结构迥异的计算机制造技术。

1）人工智能计算机

人工智能（Artificial Intelligence，AI）是研究、开发用于模拟、延伸和扩展人的智能的理论、方法、技术及应用系统的一门新的技术科学。

人工智能计算机是把信息采集、存储、处理、通信同人工智能结合在一起的智能计算机系统。它能进行数值计算或处理一般的信息，主要面向知识处理，具有形式化推理、联想、学习和解释的能力，能够帮助人们进行判断、决策、开拓未知领域和获得新的知识。人、机之间可以直接通过自然语言（声音、文字）或图形图像交换信息。

现阶段人工智能应用对算力的需求体现在两方面：一是深度学习算法，包括大量的卷积、残差网络、全连接等计算需求，在摩尔定律接近物理极限、工艺性能提升对计算能力升级性价比日益降低的前提下，仅基于工艺节点的演进已经无法满足算力快速增长的需求；二是深度学习需要对海量数据样本进行处理，强调芯片的高并行计算能力，同时大量数据搬运操作意味着对内存存取带宽的高要求，而对内存进行读/写操作，尤其是对片外内存进行读/写访问的功耗要远大于计算的功耗，因此高能效的内存读/写架构设计对芯片至关重要。

　　为此我国和世界上的知名计算机芯片厂商，首先从计算机芯片着手，生产具有人工功能的芯片，从根源上提高计算的人工智能处理能力。当前的人工芯片有 3 种含义：第一种是指能处理人工智能通用任务且本身具有核心知识产权（IP）的处理器芯片；第二种是指运行或者嵌入人工智能算法的普通处理器芯片；第三种是指具备加速语音、图像等某一项或多项任务的计算效率及迭代能力的处理器芯片。

　　当前，阿里巴巴旗下半导体公司发布马云亲自命名的 SoC① 芯片平台"无剑"。地平线公司有量产车规级人工智能芯片——征程二代，以及"征程""旭日"系列芯片："征程"面向智能驾驶，"旭日"面向 AIoT。华为有 4 款人工智能芯片：麒麟 810 是首款采用自研达芬奇架构的手机人工智能芯片；麒麟 980 是目前全球最领先的手机 SoC 芯片之一；昇腾 310 是面向边缘侧的人工智能处理芯片，可以应用于智能安防、机器人、智能新零售等场景；昇腾 910 是面向中心训练的人工智能处理器芯片，也是首个基于全栈全场景深度学习技术的人工智能 SoC 芯片。紫光展锐公司的"锐虎贲 T710"采用 8 核架构——4 颗 2.0 GHz 的 ARM A75 内核和 4 颗 1.8 GHz 的 A55 内核，集聚人工智能、安全性、连接、性能、功耗五大领域的突出优势。高通公司"骁龙 855"采用第四代终端侧人工引擎技术，实现了首款支持 5G 网络的骁龙移动平台，可作为拍摄、语音、XR 和游戏的终极私人助理，打造更加智能、快速和安全的体验。

　　基于人工芯片的人工智能计算机，无论在外形还是内部结构上，都比传统计算机有了本质的、颠覆性的变化，称其为新一代计算机应该实至名归。

　　2）超级计算机

　　超级计算机是指信息处理能力比单个计算机快 1～2 个数量级以上的计算机，它在密集计算、海量数据处理等领域发挥着举足轻重的作用。作为高性能计算技术产品的超级计算机，超级计算机是与高性能计算机或高端计算机相对应的概念。超级计算机具有很强的计算和处理数据的能力，主要特点为高速度和大容量，配有多种外部和外围设备，以及丰富的、高性能的软件系统。超级计算机采用机柜式设计，每个抽屉（称作"刀片"）就是一个服务器，能实现协同工作，并可根据应用需要随时增减。一般超级计算机由数十乃至数百万"刀片"个体计算机组成，为充分发挥其计算机集群优势，人们为其配置了专门的任务调度管理软件，它与以往的计算机有着完全不同的硬/软件系统，作为第五代计算机也在情理之中。

　　典型事件：2015 年 11 月 16 日，全球超级计算机 500 强榜单在美国公布，由我国自主研制的"天河二号"计算机以每秒 33.86 千万亿次的计算速度称雄，连续六次成为全球最强大的超级计算机，如图 1-2 所示。"天河二号"计算机是国防科技大学承担的国家"863"计划和"核高基"国家科技重大专项项目。"天河二号"计算机具有高性能、低能耗、应用广、易使用、性价比高等特点，其综合技术处于国际领先水平。

　　"天河二号"计算机由 16 000 个节点组成，每个节点有 2 颗 Ivy Bridge - E Xeon E5 2692 处理器和 3 个 Xeon Phi，累计有 32 000 颗 Ivy Bridge 处理器和 48 000 个 Xeon Phi，总计有 312 万个计算核心。全系统有 170 个机柜，包括 125 个计算机柜、8 个服务机柜、13 个通信机柜和 24 个存储机柜，占地面积为 720 m²，内存总容量为 1 400 万亿字节，存储总容量为 12 400 万亿字节，最大运行功耗为 17.8 MW。据专家介绍，"天河二号"计算机运算 1 小

---

　　① 所谓 SoC，其实指的是把 AP 应用处理器和 BP 基带两个重要单元集成在一块芯片上，这样集成的好处是功耗更低、性能，更强，也更加省电。

图1-2 "天河二号"计算机

时，相当于13亿人同时用计算器算1 000年，其存储总容量相当于存储每册10万字的图书600亿册。

2016年、2017年蝉联全球超级计算机500强榜单冠军的是"神威·太湖之光"超级计算机，它由国家并行计算机工程技术研究中心研制，其显著的特点一是快，浮点运算速度为每秒9.3亿亿次，不仅速度比当时第二名的"天河二号"超级计算机快近两倍，其效率也高3倍；二是具有自己的"芯"，与"天河二号"超级计算机使用英特尔芯片不一样，"神威·太湖之光"超级计算机使用的是中国自主知识产权的芯片，如图1-3所示。

图1-3 "神威·太湖之光"超级计算机

"神威·太湖之光"超级计算机由40个运算机柜和8个网络机柜组成。每个运算机柜比家用的双门冰箱略大，打开柜门，4块由32块运算插件组成的超节点分布其中。每个插件由4个运算节点板组成，一个运算节点板又含2块"申威26010"高性能处理器。一台机柜就有1 024块处理器，整台"神威·太湖之光"共有40 960块处理器。每单个处理器有260个核心，主板为双节点设计，每个CPU固化的板载内存为32 GB，占地面积为605 m²。

截至2019年5月底，中国共建成或正在建设7座超级计算中心，分别为国家超级计算天津中心、国家超级计算长沙中心、国家超级计算济南中心、国家超级计算广州中心、国家超级计算深圳中心、国家超级计算无锡中心、国家超级计算郑州中心，其中天津中心、长沙中心、济南中心、广州中心4家由国家科技部牵头，深圳中心则由中国科学院牵头。

2018 年、2019 年，美国 IBM 公司的 Summit 获全球超级计算机 500 冠军，它隶属美国能源部国家实验室，由 IBM 公司负责构建，浮点运算速度为每秒 14.86 亿亿次，它由 4 608 台计算服务器组成，每个服务器包含两个 22 核 Power9 处理器（IBM 公司生产）和 6 个 Tesla V100 图形处理单元加速器，它有 2 736 TB 内存，还拥有超过 10PB 的存储器。

3）云计算

云计算（cloud computing）服务是指将大量用网络连接的计算资源统一管理和调度，构成一个计算资源池向用户按需服务。用户通过网络以按需、易扩展的方式获得所需资源和服务。说它是第五代计算机是因为，从硬件方面看，它是由若干台连接在专用网络上的计算机和存储设备组成，并且具有独立运行的云操作系统来管理这些资源，无论是处理能力，还是存储容量，它与以往的计算机相比都有数十至数万倍的提升。

"云"实质上就是一个组织紧密的特定网络，狭义上讲，云计算就是一种提供资源的网络，使用者可以随时获取"云"上的资源，按需求量使用，并且可以将"云"看成无限扩展的，只要按使用量付费就可以。"云"就像自来水厂一样，人们可以随时接水，并且不限量，按照自己家的用水量，付费给自来水厂就可以。从广义上说，云计算是与信息技术、软件、互联网相关的一种服务，云计算把许多计算资源集合起来，通过软件实现自动化管理，只需要很少的人参与，就能让资源被快速提供。也就是说，计算能力作为一种商品，可以在互联网上流通，就像水、电、煤气一样，可以方便地取用，且价格较为低廉。

2006 年 8 月 9 日，谷歌公司首席执行官埃里克·施密特（Eric Schmidt）在搜索引擎大会（SES San Jose 2006）首次提出"云计算"的概念。这是云计算发展史上第一次正式地提出这一概念，有着重要的历史意义。

4）量子计算机

量子计算机（quantum computer）是一种可以实现量子计算的机器，是一种通过量子力学规律实现数学和逻辑运算、处理和储存信息的系统。它以量子态为记忆单元和信息储存形式，以量子力学演化为信息传递与加工基础的量子通信与量子计算，在量子计算机中其硬件的各种元件的尺寸达到原子或分子的量级。

量子计算机和许多计算机一样，都是由许多硬件和软件组成的，软件方面包括量子算法、量子编码等，硬件方面包括量子晶体管、量子储存器、量子效应器等。量子晶体管就是通过电子高速运动来突破物理的能量界限，从而实现晶体管的开关作用，这种晶体管控制开关的速度很快，量子晶体管比普通的芯片运算能力强很多，而且对使用的环境条件适应能力很强，所以在未来的发展中，量子晶体管是量子计算机不可缺少的一部分。量子储存器是一种储存信息效率很高的储存器，它能够在非常短时间里对任何计算信息进行赋值，是量子计算机不可缺少的组成部分，也是量子计算机最重要的部分之一。量子效应器就是一个大型的控制系统，能够控制各部件的运行。这些组成器件在量子计算机的发展中占主要地位，发挥着重要的作用。

量子计算机利用量子特有的"叠加状态"，采取并行计算的方式，可以让处理信息的速度以指数量级提升，所以它有强大的计算速度，在某些情况下，其计算速度可以是普通计算机计算速度的 20 亿倍。其信息的储存、处理能力是普通计算机望尘莫及的。

2019 年，美国 IBM 公司和谷歌公司分别宣布研制出了 53 位量子比特的量子计算机样机（如图 1－4 所示），在量子计算机研制方面取得了重要的进展，名列世界前茅。

图1-4　2019年国际消费电子展上IBM公司展示的量子计算机样机

在量子技术应用方面，我国于2016年8月16日在酒泉卫星发射中心发射了墨子号量子科学实验卫星，此次发射任务的圆满成功标志着我国在量子通信领域走在了世界的前列。

1.1.3　摩尔定律与未来计算机

摩尔定律是由英特尔公司的创始人之一戈登·摩尔（Gordon Moore）提出来的。其内容为：当价格不变时，集成电路上可容纳的晶体管数目约每隔18~24个月便会增加一倍，性能也将提升一倍。换言之，每一美元所能买到的计算机性能，将每隔18~24个月提高一倍以上。这一定律揭示了信息技术进步的速度。

据中国工程院邬贺铨院士在2019年发表的"新一代信息技术方兴未艾"讲稿中介绍，计算机成本10年下降近1万倍，存储器成本下降近2万倍，PC（个人计算机）的计算能力20年提高1 000倍，超级计算机的计算能力10年提高1 000倍。近30年来，CPU速度提高100万倍，内存价格下降45 000倍，硬盘价格下降360万倍。他说，如果汽车价格能与硬盘价格同速率下降，今天一部新车仅需0.01美元。由此可见，摩尔定律在IT界的魅力。

硬盘的发展变化如图1-5所示，1956年，世界上第一款硬盘诞生（图中左侧），容量仅为5 MB，重量却达到了1 t。现在，台式机硬盘普遍为3.5英寸①大小，容量可达4 TB（图中右下侧），容量为14 TB的产品目前也已在售。2019年容量为2 TB的U盘已开始销售（图中右上侧）。摩尔定律在这里体现得淋漓尽致。

目前利用硅材料完成的集成电路，其集成密度已达到5 nm（相当于50个氧原子的直径长），再增加密度就到了分子、原子级别，所以有专家说摩尔定律受到硅材料本身

图1-5　硬盘的发展变化

① 1英寸=0.025 4米。

的限制，它已遇到"天花板"，利用当前材料很难超越。

未来的计算机将打破计算机现有的体系结构，使计算机具有像人一样的思维，推理，判断，学习以及识别声音、图像的能力，如量子计算机、超导计算机、生物计算机、光计算机、纳米计算机、DNA计算机等。并行处理和网络的进步为人们打开了一个新的世界。并行处理是指在一台计算机中集成多个处理器，通过在多个处理器之间平分计算工作量，协同完成工作，如1.1.2节介绍的超级计算机、云计算等，多个处理器并行工作可以共同承担多台计算机才能完成的处理任务，在外界看来像一台计算机一样提高其总体处理能力。

第五代计算机已经有了一些未来计算机的雏形，如量子计算机、人工智能计算机。

1.1.4　计算机的特点与分类

1. 计算机的特点

计算机之所以应用如此广泛，发展如此快速，是因为计算机具有以下几个特点。

1）运算速度快、精度高

运算速度是计算机的主要性能指标之一，一般以计算机每秒所能执行加法运算的次数来衡量。快速运算是计算机最显著的特点。IBM公司的Summit超级计算机，浮点运算速度为每秒14.86亿亿次。计算机可以保证人为指定精度的计算结果，这取决于计算机表示数据的能力，计算机的字长越长，其精度越高。现代计算机提供多种数据表示方式，以满足各种计算精度的要求。

2）存储量大、逻辑判断和记忆能力强

由于计算机有大容量的存储器，故它具有信息存储量大、保存时间长的特点。计算机不仅能进行算术运算，同时也能进行各种逻辑运算，具有强大的逻辑判断能力和记忆能力。

3）自动化程度高

计算机采用"存储程序"的方式工作，即把需要处理的数据及处理该数据的程序事先输入计算机，存入存储器，在无人参与的情况下，通过逻辑运算和逻辑判断，计算机自动完成预定的全部处理任务，实现计算工作的自动化。这是计算机区别于以往计算工具的一个主要特征。

4）可靠性好、通用性强

随着大规模和超大规模集成电路技术的发展，计算机的可靠性也得到了很大的提高，可以连续无故障地工作好几年。它不仅能够处理复杂的数学问题和逻辑问题，还能处理数值数据和非数值数据，如图、文、声、像等。计算机可以处理所有的可以转换为二进制的信息，因此可以说计算机在处理数据方面具有通用性。同时，由于计算机处理各种问题时均采用程序的方法，故在处理方式上也具有通用性。

2. 计算机的分类

可以根据计算机的工作原理、运算方式、字长、用途、信息的处理方式、数据表示形式和综合性能指标等对计算机进行分类。

（1）根据计算机的工作原理、运算方式，计算机可以分为数字计算机（digital computer)、模拟计算机（analog computer）和混合计算机（hybrid computer）。数字计算机的性能特点是计算机处理时输入和输出的数值都是数字量；模拟计算机处理的数据对象为连续的电压、电流等模拟数据；混合计算机将数字技术和模拟技术相结合，输入/输出既可以是数字量，也可以是模拟数据。目前，应用最为广泛的是数字计算机，因此，常把数字计算机简称为电子计算机或计算机。

（2）根据计算机的字长，计算机可以分为 8 位机、16 位机、32 位机、64 位机等。

（3）根据计算机的用途，计算机可以分为通用计算机（general purpose computer）和专用计算机（special purpose computer）。通用计算机是具有较强通用性的计算机，其特点是系统结构和软件能够解决多种类型的问题，满足多种用户的需求。一般的数字计算机多属此类。专用计算机是针对某一特定应用领域，为解决某些特定问题而专门设计的计算机。其特点是系统硬件结构、软件专用性对于其特定的应用领域是高效的，如嵌入式系统。

（4）根据计算机内部对信息的处理方式，计算机可以分为并行计算机和串行计算机。串行计算机一个接一个地执行任务，而并行计算机可同时处理多项任务，处理效率大幅提高。

（5）根据计算机的综合性能指标（按照计算机的字长、运算速度、存储量、功能、配套设备的数量、软件系统的丰富程度等），计算机可以分为巨型机（super computer）、大/中型机（mainframe）、小型机（minicomputer）、微型机（micro computer）。

①巨型机。巨型机也称为超级计算机，它采用大规模并行处理体系结构，存储容量大，运算速度极快，有极强的运算处理能力。我国自行研制的"银河－Ⅲ"百亿次计算机、"曙光"千亿次计算机和"天河二号"数亿亿次计算机都属于巨型机。巨型机以往大多使用在军事、科研、气象、石油勘探等领域，如今在线上金融、网上交易、城市大脑、交通运输、政府办公等领域的应用越来越广泛。

②大型机。大型机具有极强的综合处理能力，它的运算速度和存储容量仅次于巨型机。大型机主要用于计算机中心和计算机网络。

③小型机。小型机的规模较小，它的结构较简单，操作简便，维护容易，成本较低。小型机主要用于科学计算和数据处理，以及应对一个中小部门的信息处理需求。除此之外，它还用于生产中的过程控制以及数据采集、分析计算等。

④微型机。微型机也称为个人计算机、个人电脑或微机。它由微处理器、半导体存储器和输入/输出（I/O）接口等组成。它的体积较小、质量小、价格低、使用方便、灵活性好、可靠性强。常见的微型机还可以分为台式机、笔记本电脑、掌上电脑、手机等多种类型。它广泛应用于政府机关、企事业单位、社会生活、个人和家庭等，满足人们办公、学习、购物、娱乐等网上信息处理的需求。

1.1.5　计算机应用分类

计算机技术被广泛应用于社会的各行各业，渗透到各个领域，执行着各种各样的工作任务。按计算机承担的任务性质划分，归纳起来，计算机应用主要分以下几个方面。就某一具体应用领域来说，比如道路交通管控，大多同时涉及几个方面的技术。

1. 科学计算

科学计算是指使用计算机完成在科学研究和工程技术领域人们所提出的大量复杂的数值计算问题，这是计算机的传统应用之一。其特点是科学计算问题复杂、数据繁杂，利用计算机大容量存储、高速连续运算的能力，可完成人工无法进行的各种计算。科学计算通常的步骤为：构造数学模型、选择计算方法、编制计算机程序、在计算机上实际计算、分析计算结果。专门从事计算方法研究的工作人员研究出了许多高效率、高精度的用于科学计算的算法，积累了许多用于科学计算的程序，并将这些程序汇集成软件包，供科技工作者选用，如工程设计、航空航天等方面的应用。

2. 数据处理和信息加工

数据处理和信息加工是指关于数据资料的输入、分类、加工、整理、合并、统计、制表、检索及存储等工作的总称。其特点是需要处理的原始数据量大，如图、文、声、像都是现代计算机的处理对象，但计算方法较为简单，结果一般以表格或文件形式存储、输出，如人事档案管理、学籍管理等方面的应用。

3. 从过程控制到物物相联

过程控制也称实时控制，它通过传感器实时地采集检测数据，利用计算机的逻辑判断能力，快速地进行处理并以最优方案实现自动控制、智能生产。利用计算机进行过程控制，不仅可以大大提高控制的自动化水平，而且可以提高控制的及时性和准确性，从而改善劳动条件、提高质量、节约能源、降低成本，如计算机在工业自动化生产中的广泛应用、工业机器人等。当前，多数工厂的生产控制正在向智能化、无人化、网络化转型升级，这也是"中国制造2025"计划的核心目标，当今的中国正由制造业大国向智造业强国迈进。

过程控制是把生产企业的生产数据通过传感器连入网络，而把物品连入互联网的不仅局限于生产企业，当今，人们正努力通过各种各样的传感器，把各类相关物品连入互联网，以实现对其运行状态的观测和控制，这就是当今流行的物联网。物联网产业是比互联网产业大数十倍的另一个潜在的市场，得到了各国政府和企业的高度重视，前景十分广阔。

4. 计算机辅助系统

计算机辅助系统是指应用计算机辅助人们进行设计、制造等工作，主要包括 CAD、CAM、CAE 等。

（1）计算机辅助设计/制造（CAD/CAM）是指利用计算机的高速处理、大容量存储和图形处理功能，辅助设计人员进行产品的设计/制造的技术。它为缩短设计/制造周期，提高产品质量创造了条件，如电路设计/制造、机械设计/制造等方面的应用。

（2）计算机辅助测试（CAT）是指利用计算机对测试对象进行测试的过程。通常所说的利用虚拟仪器进行测试就属于此范畴。

（3）计算机辅助教育（CAE）是指利用计算机对教学和教学事务进行管理，包括计算机辅助教学（CAI）和计算机教育管理（CMI）。开展计算机辅助教育可使学校的教育模式发生根本性的变化，学生通过使用计算机，可牢固地树立计算机意识，成为复合型人才。

（4）办公自动化（OA）是指以行为科学为主导，以管理科学、系统工程学、社会科学、人机工程学为理论基础，以计算机技术、自动化技术、通信和网络技术为手段，利用计算机和其他各种办公设备，完成各种办公业务，实现办公的电子化、网络化、自动化和无纸化。它的应用促使办公的规范化和制度化，提高了办公室工作的效率和质量。

5. 人工智能

人工智能是指利用计算机模拟人类大脑神经系统的逻辑思维、逻辑推理，使计算机通过"学习"积累知识，进行知识重构和自我完善。人工智能涉及多个学科领域，如机器学习、计算机视觉、自然语言理解、专家系统、机器翻译、智能机器人、定理自动证明等。人工智能技术作为下一个信息技术的风口，得到各个国家的高度重视，正在向各个领域全面渗透，中国已经走在世界这一领域的第一方阵，并逐渐引领这一领域的发展方向。

6. 计算机通信

计算机通信是指计算机与通信技术结合，构成计算机网络，实现资源共享，并且可以传送文字、数据、声音、图像等。WWW、Email、电子商务等都是依靠计算机网络来实现的。

近年来，由于计算机科学技术的迅速发展，特别是网络技术和多媒体技术的迅速发展，计算机不断应用于新的领域。通信技术与计算机技术的结合，产生了计算机网络和 Internet；卫星通信技术与计算机技术的结合，产生了全球卫星定位系统（GPS）、地理信息系统（GIS）、无线 WiFi 等应用；以 5G 为代表的新一代通信技术正快速走入人们的日常生活之中，以华为公司为代表的中国企业，已成为世界这一领域的翘楚。

1.2 计算机科学与技术学科概述

计算机科学与技术作为信息时代的关键科学与技术之一，在信息社会的各行各业中占有举足轻重的地位。

1.2.1 计算机科学与技术学科的定义

计算机科学与技术学科来源于对数理逻辑、计算模型、算法理论和自动计算机器的研究，形成于 20 世纪 30 年代后期。它是研究计算机设计、制造及计算机信息获取、存储表示、处理控制等理论和技术的学科，是描述和变换信息的算法，包括其理论、分析、设计、实现和应用的系统研究。

1.2.2 计算机科学与技术学科研究的基本内容

由"计算机科学与技术学科"这一名词就可以看出它涵盖计算机科学和计算机技术两方面的内容。其中，计算机科学侧重于研究现象，透过现象揭示事物的规律、本质；而计算机技术则侧重于研制计算机和研究使用计算机进行信息处理的方法与手段。

回顾计算机学科发展的历史，一方面，它围绕着一些重大的背景问题，在各分支学科和方向上取得了一系列重要的理论和技术成果，推动了计算机科学横向和纵向的发展；另一方面，由于发展了大批成熟的技术并成功应用于各行各业，所以更多的人把这门学科看成一种技术。尽管如此，也不能忽略两者之间的联系，那就是，科学是技术的理论依据，技术是科学的现实体现。

理论和技术是计算机科学两个互为依托的侧面。计算机科学的理论大多数属于技术理论的范畴。

数学是计算机科学与技术学科的主要基础，以离散数学为代表的应用数学是描述学科理论、方法和技术的主要工具，而微电子技术和程序技术则是反映学科产品的主要技术形式。在该学科中，无论是理论研究还是技术研究的成果，最终要体现在计算机软/硬件系统产品和技术服务上。然而，作为硬件产品的计算机系统和作为软件产品的程序指令系统必须可以机械地、严格地按照程序指令执行，决不能无故出错。计算机系统的这一客观属性和特点决定了计算机的设计、制造，及各种软件系统开发的每一步都应该是严密的、精确无误的。就目前基于图灵机这一理论计算模型和存储程序式思想设计制造的计算机系统而言，它们只能处理离散问题或可用构造性方式描述的问题，而且这些问题必须对给定的论域存在有穷表示。至于非离散的连续性问题，如实域上的函数计算、方程求根等还只能用近似的逼近方法。计算模型的非连续性特点，使得以严密、精确著称的数学，尤其是离散数学被首选为描述该学科的主要工具。在这一学科中，数学与电子技术的结合是理论与技术完美结合的一个成功范例。

计算机科学与技术学科中不仅许多理论是用数学描述的，而且许多技术也是用数学描述的。许多学科理论不仅是对研究对象变化规律的陈述，而且通过对理论的深刻认识、理解和对实现技术的熟练掌握，可完成从理论到技术的跨越。离散数学的构造性特征与反映学科本质特点的可行性之间形成了天然统一，从而使离散数学的构造性特征决定了计算机科学与技术学科的许多理论同时具有理论、技术和工程等多重属性，决定了其许多理论、技术和工程的内容是相互渗透在一起，不可分割的。

同时，学科的基本问题和本质属性决定了学科理论、技术与工程之间的界限十分模糊。从理论探索、技术开发到工程开发应用和生产的周期很短，许多实验室产品和最终投向市场的产品之间几乎没有太大的差别。虽然目前整体上理论研究滞后于技术开发，但随着学科研究和应用的不断深化，理论的重要性将越来越突出，而技术则渐渐退居次要的位置。

1.3 计算机相关专业简介

根据国家《普通高等学校本科专业目录（2020 年版）》的要求，普通高校可开办的计算机类专业有 17 个——计算机科学与技术、软件工程、网络工程、信息安全、物联网工程、数字媒体技术、智能科学与技术、空间信息与数字技术、电子与计算机工程、数据科学与大数据技术、网络空间安全、新媒体技术、电影制作、保密技术、服务科学与技术、虚拟现实技术、区块链工程，比 2012 年版增加了 9 个专业，充分体现了信息技术领域发展之迅猛。一般应用型高校除开设计算机科学与技术、软件工程、网络工程、物联网工程、智能科学与技术、数据科学与大数据技术等计算机类专业以外，还根据自身的特长开设电子信息类、管理科学与工程类中与计算机有关的专业。下面介绍几个常设专业的培养目标与核心课程。

1.3.1　计算机科学与技术专业

本专业培养德、智、体、美全面发展，符合区域经济发展需要，具有良好的科学素质、坚实的计算机科学理论基础、较强的程序设计和分析能力，系统掌握计算机软件、硬件及其应用的基础知识、基本理论和基本技能，具有较强的计算机程序设计和程序分析能力及软、硬件系统开发能力，在企事业单位从事计算机软、硬件的开发、设计、维护及管理工作的应用型技术人才。

根据区域经济建设和社会发展的需要，结合应用型本科人才培养目标，本专业要求毕业生具备以下几个方面的知识、能力和素质。

1）知识

（1）掌握从事本专业工作所需的数学和其他相关的自然科学、系统科学知识；

（2）系统掌握计算机科学与技术的基本理论和专业知识，理解本学科的基本概念、知识结构和典型方法，具有数字化、算法、模块化和层次化等核心专业知识；

（3）掌握软件工程的基本理论和基本知识，熟悉软件需求分析、设计、实现、测试、维护以及过程管理的方法和技术，了解软件工程的规范和标准；

（4）了解与本专业相关的职业和行业的重要法律法规及方针政策，理解工程技术和信息技术应用相关伦理的基本要求；

（5）了解计算机科学与技术学科的前沿技术和软件行业的发展动态。

2）能力

（1）具备综合运用已掌握的知识、方法和技术解决实际问题的能力；

（2）具有参与实际软件开发项目的技术基础，初步具备作为软件工程师从事工程实践所需的专业能力；

（3）能够权衡和选择各种设计方案，使用适当的软件工程工具设计和开发软件系统，能够建立规范的系统文档；

（4）掌握本专业文献检索的基本方法，具有运用现代信息技术获取相关信息和新技术、新知识的能力；

（5）具备一定的组织管理能力、沟通表达能力、独立工作能力、人际交往能力和团队协作能力；

（6）具有应用外文从事软件外包工作的沟通和交流能力，能阅读本专业的外文资料。

3）素质

（1）具有良好的思想政治素质和职业道德，社会责任感强；

（2）具备良好的科学素养、工程意识及一定的创新意识和创业精神，具有严谨的科学态度和务实的工作作风；

（3）具有良好的专业素质，具备科学的思维方法和扎实的专业技能；

（4）具有健全的人格、健康的体魄和良好的心理素质；

（5）具有敏感的互联网思维意识和终身学习的意识，能自觉学习新概念、新模型和新技术，使自己的专业能力与学科发展同步。

该专业学制四年，主要开设程序设计基础、面向对象程序设计、数据结构、电子技术基础、计算机组成原理与系统结构、汇编语言与微机接口技术、计算机网络、操作系统、编译原理、数据库系统、软件工程、软件项目管理等课程，学生毕业后被授予工学学士学位。

1.3.2 软件工程专业

本专业培养德、智、体、美全面发展，符合区域经济发展需要，适应科技快速发展，具有良好的人文和科学素养、扎实的专业基础知识、熟练的实践动手能力、较强的创新和工程意识，掌握软件工程基本思想和方法，具备扎实的计算机软件理论基础知识、软件工程研发能力，能熟练应用计算机及软件工程工具，能够运用现代开发方法和工具按照国际规范从事软件分析、设计、开发、测试和维护工作的应用型技术人才。

根据区域经济建设和社会发展的需要，结合应用型本科人才培养目标，本专业要求学生具备以下知识、能力和素质。

1）知识

（1）掌握从事本专业工作所需的数学和其他相关的自然科学、系统科学知识；

（2）系统掌握软件工程的基本理论和专业知识，理解本学科的基本概念、知识结构和典型方法，具有数字化、算法、模块化和层次化等核心专业知识；

（3）掌握软件工程的基本理论和基本知识，了解软件工程的规范和标准；

（4）了解与本专业相关的职业和行业的重要法律法规及方针政策，理解工程技术和信息技术应用相关伦理的基本要求；

（5）了解计算机科学与技术学科的前沿技术和软件行业的发展动态。

2）能力

（1）具备综合运用已掌握的知识、方法和技术解决实际问题的能力；

（2）具有参与实际软件开发项目的技术基础，初步具备作为软件工程师从事工程实践所需的专业能力；

（3）熟练掌握软件开发过程、需求分析、设计、编码、测试、维护以及软件工程项目管理的技术和工具，能够建立规范的系统文档；

（4）掌握本专业文献检索的基本方法，具有运用现代信息技术获取相关信息和新技术、新知识的能力；

（5）具备一定的组织管理能力、沟通表达能力、独立工作能力、人际交往能力和团队协作能力；

（6）具有应用外语从事软件服务外包工作的沟通和交流能力，能阅读本专业的外文资料。

3）素质

（1）具有良好的思想政治素质和职业道德，了解与软件知识产权有关的法律法规，认识并遵循软件职业的规范和社会公德，具有强烈的社会责任感；

（2）具备良好的科学素养、工程意识及一定的创新意识和创业精神，具有严谨的科学态度和务实的工作作风；

（3）具有良好的专业素质，具备科学的思维方法和扎实的专业技能；

（4）具有健全的人格、健康的体魄和良好的心理素质；

（5）具有敏感的互联网思维意识和终身学习的意识，自觉学习新概念、新模型和新技术，使自己的专业能力与学科发展同步。

该专业学制四年，主要开设数据结构、硬件编程基础、计算机网络、面向对象程序设计（Java）、面向对象程序设计（C#）、数据库原理与应用、软件工程、Android 手机软件开发、iOS 手机软件开发、数据结构与算法、网页设计与制作等课程，学生毕业后被授予工学学士学位。

1.3.3 网络工程专业

本专业培养德、智、体、美全面发展，有良好的科学素养，系统掌握网络工程专业所必需的基本理论和基本知识，掌握计算机网络系统的规划设计、组建维护、安全保障和管理应用的相关理论、知识、技能和方法，具有一定的工程管理能力和良好的综合素质，能够承担计算机网络工程建设、网络应用系统开发、网络管理和维护等工作的应用型技术人才。

根据区域经济建设和社会发展的需要，结合应用型本科人才培养目标，本专业要求毕业生具备以下几个方面的知识、能力和素质。

1）知识

（1）掌握从事本专业工作所必需的数学和其他相关的自然科学知识；

（2）掌握计算机科学与技术、网络工程、物联网应用等方面的基本理论、基础知识；

（3）掌握计算机网络系统架构、应用管理的基本方法；

（4）初步掌握网络工程项目、网络应用系统的分析和设计的方法和实施过程，了解相应的管理学知识；

（5）了解与本专业相关的职业和行业的重要法律法规及方针与政策，理解工程技术伦理的基本要求；

（6）了解本学科理论前沿的发展趋势和新技术、新设备的发展动态及相近专业的一般知识。

2）能力

（1）具备计算机网络系统的规划设计、组建维护、安全保障和管理应用的基本能力；

（2）具备网络工程的部署管理和网络设备的应用、维护能力；

（3）具备小型网站的规划、开发、调试和部署的能力；

（4）掌握本专业文献检索的基本方法，具有运用现代信息技术获取相关信息和新技术、新知识的能力；

（5）具备一定的组织管理能力、沟通表达能力、独立工作能力、人际交往能力和团队协作能力；

（6）具有较好的外语应用能力，能阅读本专业的外文资料。

3）素质

（1）具有良好的思想政治素质、人文素养和职业道德，社会责任感强；

（2）具备良好的科学素养、工程意识及一定的创新意识和创业精神，具有严谨的科学态度和务实的工作作风；

（3）具有良好的专业素质，具备科学的思维方法和扎实的专业技能；

（4）具有健康的体魄、良好的心理素质和健全的人格；

（5）具有敏感的互联网思维意识和终身学习的意识，能自觉学习新概念、新模型和新技术，使自己的专业能力与学科发展同步。

该专业学制四年，主要开设数字逻辑、数据结构与算法、数据库原理与应用、计算机网络、网络编程技术、网络互联技术、网络安全检测与防范技术、无线传感器网络、Web 开发技术（ASP.NET）等课程，学生毕业后被授予工学学士学位。

1.3.4　物联网工程专业

本专业培养德、智、体、美全面发展，有良好的科学素养，系统掌握物联网工程专业所必需的基本理论和基本知识，掌握物联网感知层、网络层、应用层相关的理论、知识、技能和方法，具有一定的物联网工程管理能力和良好的综合素质，能够承担物联网工程设计、建设、应用系统开发和维护等工作的应用型技术人才。

根据区域经济建设和社会发展的需要，结合应用型本科人才培养目标，本专业要求毕业生应具备以下几个方面的知识、能力和素质。

1）知识

（1）掌握从事本专业工作所必需的数学和其他相关的自然科学知识；

（2）系统地掌握本专业领域所必需的基础理论知识，主要包括物联网技术、智能信息处理、计算机软/硬件基本原理及应用、嵌入式系统等；

（3）掌握物联网系统分析和设计的基本方法，了解相应的管理学知识；

（4）熟悉国家电子信息产业政策及国内外有关知识产权的法律法规；

（5）了解本学科理论前沿的发展趋势和新技术、新设备的发展动态及相近专业的一般知识。

2）能力

（1）具有传感器网络研究、设计与开发，智能信息处理系统的设计与开发，以及嵌入式系统设计与开发的基本能力；

（2）获得较好的工程实践训练，具有较强的实际动手能力；

（3）掌握通过查询资料、文献档案等途径获取相关信息的基本方法，具有一定的技术设计、归纳、整理、分析实验结果、撰写论文的能力；

（4）具有创新能力和独立获取新知识的能力；

（5）具备一定的组织管理能力、沟通表达能力、独立工作能力、人际交往能力和团队协作能力；

（6）具有较好的外语应用能力，能阅读本专业的外文资料。

3）素质

（1）具有良好的思想政治素质、人文素养和职业道德，社会责任感强；

（2）具备良好的科学素养、工程意识及一定的创新意识和创业精神，具有严谨的科学态度和务实的工作作风；

（3）具有良好的专业素质，具备科学的思维方法和扎实的专业技能；

（4）具有健康的体魄、良好的心理素质和健全的人格；

（5）具有敏感的互联网思维意识和终身学习的意识，能自觉学习新概念、新模型和新技术，使自己的专业能力与学科发展同步。

该专业学制四年，主要开设面向对象程序设计、数据结构、计算机网络、数据库系统、操作系统、电路与电子技术、计算机组成原理、网络程序设计、物联网感知技术、物联网通信技术、网络规划设计、嵌入式系统、嵌入式软件设计等课程，学生毕业后被授予工学学士学位。

1.3.5 信息管理与信息系统专业

本专业培养德、智、体、美全面发展，具备良好的数理基础、管理学和经济学理论知识、信息技术知识及应用能力，掌握信息系统规划、分析、设计、实施和管理的方法与技术，具有一定的信息系统和信息资源开发利用实践能力，能在企事业单位从事信息系统建设、维护与信息管理工作的应用型、复合型人才。

根据区域经济建设和社会发展的需要，结合学校办学定位和人才培养目标，本专业要求学生具备以下知识、能力和素质。

1）知识

（1）具备良好的数理基础，掌握管理学和经济学理论知识，具有扎实的信息技术理论基础和专业知识；

（2）掌握信息系统的规划、分析、设计、实施和管理等的方法、技术和工具；

（3）熟悉经济管理和信息技术等领域的相关政策、法律法规和标准等方面的知识；

（4）了解本专业的理论与应用前沿以及信息化发展的现状与趋势。

2）能力

（1）具有对信息与数据的采集、管理与分析提取的能力，并初步具有数据挖掘与决策支持的综合能力；

（2）具有管理与维护信息系统的能力，并初步具有设计、开发管理信息系统的综合能力；

（3）具有设计、开发与维护电子商务（政务）平台的能力；

（4）具有开发、应用和管理信息管理相关软件的能力，并具备相关职位的从业能力；

（5）掌握本专业文献检索的基本方法，具有运用现代信息技术获取相关信息和新技术、新知识的能力；

（6）具备较强的组织管理能力、沟通表达能力、独立工作能力、人际交往能力和团队协作能力；

（7）具有较好的外语应用能力，能阅读本专业的外文资料。

3）素质

（1）具有良好的思想政治素质、人文素养和职业道德，社会责任感强；

（2）具备较好的科学素养、信息意识及一定的创新意识和创业精神，具有严谨的科学态度和务实的工作作风；

（3）具有良好的专业素质，具备科学的思维方法和扎实的专业技能；

（4）具有健康的体魄、良好的心理素质和健全的人格；

（5）具有敏感的互联网思维意识和终身学习的意识，能自觉学习新概念、新技术和新方法，使自己的专业能力与学科发展同步。

该专业学制四年，主要开设管理学原理、经济学、统计学、运筹学、信息系统开发工具、数据库原理与应用、企业资源规划（ERP）、信息系统分析与设计、计算机网络技术与应用、信息系统项目管理等课程，学生毕业后被授予管理学学士学位。

1.3.6　人工智能专业

本专业主要培养具有良好的科学素养和职业道德，系统掌握人工智能基本理论与知识、基本技能与方法，能够在智能领域从事智能信息处理方面的研究和开发、在医疗领域进行智能图像处理、在工业产品检测领域进行质量（缺陷）智能检测等相关工作，能够适应人工智能技术的快速发展变化，具备跨专业、跨领域沟通能力的应用型创新人才。

本专业响应国家"推动互联网、大数据、人工智能和实体经济深度融合"的号召，应对人工智能人才短缺的现实需求，围绕人工智能的具体内涵，结合区域经济发展和学校学科建设情况及人才培养定位，要求学生具备以下知识、能力与素质。

1）知识

（1）人文社科知识：

掌握一定的经济、法律、管理、信息交流、社会学和逻辑学等人文社科知识，满足社会交往和工程实践的需要。

（2）自然科学和专业基础知识：

掌握本专业所需的包括微积分、线性代数与矩阵论、概率论与数理统计、离散数学等自然科学知识；理解本学科的基本概念、知识结构和典型方法，掌握计算机体系结构与原理、数字化、算法、模块化和层次化等学科基础知识；掌握人工智能原理、智能程序设计、机器学习等专业基础知识。

（3）专业知识：

了解与本专业相关的职业和行业的重要法律法规及方针政策，理解工程技术和信息技术应用相关伦理的基本要求；熟悉人工智能领域的理论前沿、应用现状和发展趋势，具有终身学习和适应发展的能力；掌握深度学习、数字图像处理、模式识别与计算机视觉、复杂结构数据挖掘等专业知识；了解医学影像技术、计算机图像采集及处理的硬件基础知识，熟悉智能产品的设计原理；了解医学检验的基本原理，掌握大数据分析及挖掘技术，能够对医学检验的结构化数据进行存储和分析。

（4）工具性知识：

掌握阅读专业资料、撰写专业文章摘要、用英语进行一般性交流的知识；掌握专业文献检索、综合文献资料的方法。

2）能力

（1）知识获取能力：

具有自主学习的能力，能够利用图书馆、互联网等多种途径收集、分析、研究学习内容，能够把理论知识与实践相结合，具备从实践中获取知识的能力。

（2）多元发展能力：

具备扎实的人工智能基础知识和技能，并能结合医疗、工业、农业、教育等行业实际综合应用，分析解决具体问题，做到"厚专业基础、重行业实践、宽就业口径"，为以后的职业生涯锤炼多元发展的能力。

（3）工程实践能力：

掌握大数据的基本概念和处理架构，熟悉 Hadoop 大数据平台；掌握 TensorFlow 深度学习框架，能够基于该框架进行图像特征提取、图像识别以及具体应用，能够应用视觉技术进行图像数理和分析；掌握应用深度学习方案解决人工特征提取，完成复杂质量（缺陷）检测；掌握影像和医学检查技术的临床应用技能，具备影像数据标注的能力；具备图像数据处理能力；具备利用计算机视觉技术进行物体检测能力；具备不断学习前沿知识和将理论用于实践的能力；具备与人沟通的能力和团队协作能力。

（4）创新能力：

熟悉专业动态和发展趋势，具有创新意识，能够结合专业特点和所学知识进行综合创新，具备将优化算法模型应用于不同领域的能力。

3）素质

（1）思想政治素质：

树立科学的世界观、人生观和价值观，具有爱国主义、集体主义精神，忠于人民，愿为科教兴国事业奋斗终身。继承和发扬中华民族优良传统和作风，践行社会主义核心价值观和学校价值观，具有良好的道德品质。

（2）人文素质：

了解一般的社交规范，遵守社会公德，具有良好的是非分辩能力，善于理解人，热心帮助人。具有丰富的精神世界和内在情感，能理性认识世界、民族、社会、人生，具有强大的精神力量，对社会有庄严的道德感、责任感和使命感，追求高尚的道德情操和远大理想。

（3）职业素质：

遵守国家对人工智能技术应用而制定的相关法律法规，具有良好的职业道德，遵守职业行为准则，爱岗敬业，严谨认真。

（4）科学素质：

能够理解并掌握科学原理、方法等科学本质，具有实事求是的科学态度和积极向上的工作作风，对新事物具有敏感性，有质疑精神，对人工智能技术的作用有强烈的好奇心并勇于探索。

（5）身心素质：

具备健康的体格、稳定向上的情感力量、坚强恒久的意志力量、鲜明独特的人格力量；具有一定的文化品位和艺术审美情趣，能够欣赏美、创造美，通过艺术熏陶提升自身的综合素养。

该专业学制四年，主要开设人工智能基础、深度学习、Python 程序设计、模式识别与计算机视觉、高级数据结构与算法分析、数据挖掘技术与应用、医学图像处理、数据可视化技术、机器学习导论、概率论与数理统计等课程，学生毕业后被授予工学学士学位。

● 本章小结

本章主要介绍了计算机的发展历程、计算机类专业的相关知识，主要有以下要点：

（1）世界上第一台真正的计算机 ENIAC 的诞生标志着计算机的产生，随后计算机走过了第一代电子管时代、第二代晶体管时代、第三代集成电路时代和第四代大规模集成电路和超大规模集成电路时代的发展历程。本章探讨了第五代计算机的 4 种说法。

（2）计算机的特点：①运算速度快、精度高；②存储量大、逻辑判断和记忆能力强；③自动化程度高；④可靠性好、通用性强。

（3）摩尔定律：集成电路上可容纳的晶体管数目，约每隔 18~24 个月便会增加一倍，性能也将提升一倍。目前利用硅材料完成的集成电路，其密度已达到 5 nm，再增加密度就达到了分子、原子级别。摩尔定律能否延续值得期待。

（4）计算机的分类：①根据计算机的工作原理、运算方式，计算机可以分为数字计算机、模拟计算机和混合计算机；②根据计算机的字长，计算机可以分为 8 位机、16 位机、32 位机、64 位机等；③根据计算机的用途，计算机可以分为通用计算机和专用计算机；④根据计算机内部对信息的处理方式，计算机可以分为并行计算机和串行计算机；⑤根据计算机处理的数据表示形式，计算机可以分为定点计算机和浮点计算机；⑥根据计算机的综合性能指标，通用计算机可以分为巨型机、大/中型机、小型机、微型机。

（5）计算机科学与技术学科研究的内容包含计算机科学和计算机技术两方面，前者偏重理论研究，后者注重现有技术的应用。

（6）计算机类主要本科专业的人才培养目标、基本要求和主要课程。

练习题

1．计算机经历了哪几个发展阶段？各个阶段的主要特点是什么？
2．结合手机等电子设备谈谈摩尔定律。
3．简述计算机科学与技术学科研究的基本问题。
4．参考第五代计算机的分类方法，谈谈未来计算机可能的发展趋势。
5．结合所在专业的人才培养目标，谈谈大学四年的奋斗目标。

第 2 章

数制和编码

知识目标

（1）掌握常用数制及不同数制之间的相互转换；

（2）掌握原码、补码、反码的计算方法，了解计算机中数的表现形式；

（3）了解数、字符和汉字的编码方法。

创新是无限的，有限的是想象力。如果是一个成长性行业，创新就是要让产品使人更有效率、更容易使用、更容易用来工作。如果是一个萎缩的行业，创新就是要快速地从原有模式退出来，在产品及服务变得过时、不好用之前迅速改变自己。

——乔布斯的"苹果"禅语

2.1 数制及转换

数制也称作计数制，是指用一组固定的符号和统一的规则表示数值的方法。按进位的原则进行计数的方法，称为进位计数制。比如，在十进位计数制中，是按照"逢十进一"的原则进行计数的。

1. 计算机常用的数制

（1）二进制：最简单，计算机可直接使用；

（2）十进制：人们习惯的计数制；

（3）八进制：对二进制数压缩表示（压缩比为 3∶1）；

（4）十六进制：对二进制数压缩表示（压缩比为 4∶1）。

2. 相关数制的表示

"基数"和"位权"是进位计数制的两个要素。

1）基数

所谓基数，就是进位计数制的每位数上可能有的数码的个数。例如，十进制数每位上的数码为"0""1""2"……"9"，所以基数为10。

2）位权

所谓位权，是指一个数值的每一位上的数字的权值的大小。例如十进制数 4 567 从低位到高位的位权分别为 10^0、10^1、10^2、10^3，因为 $4\,567 = 4 \times 10^3 + 5 \times 10^2 + 6 \times 10^1 + 7 \times 10^0$。

人们最熟悉十进制数，故首先分析十进制数的表示规律。

3）十进制数（decimal）的表示方法

（1）数码：0、1、2、3、4、5、6、7、8、9。

（2）最小数码：0；最大数码：9；基数：10。

（3）运算规则：逢十进一，借一当十。

（4）表示方式：$(1\,234.5)_{10}$ 或 1 234.5D，即用下标"10"或后缀"D"代表十进制。

（5）按位权展开式见例2.1。

例2.1　$3\,568.72D = 3 \times 10^3 + 5 \times 10^2 + 6 \times 10^1 + 8 \times 10^0 + 7 \times 10^{-1} + 2 \times 10^{-2}$

说明：数字 10 的上标表示位权编码，小数点左边的位是第 0 位，然后依次是第 1 位、第 2 位、第 3 位……，小数点右边分别是第 -1 位、第 -2 位、第 -3 位……；各位数码的大小除了与代码本身大小有关之外，还与基数和位权有关。

4）二进制数（binary）的表示方法及对应的十进制数

（1）数码：0、1。

（2）最小数码：0；最大数码：1；基数：2。

（3）表示方式：$(10110101.101)_2$ 或 10110101.101B，即用下标"2"或后缀"B"表示二进制。

（4）运算规则：逢二进一，借一当二。逻辑运算规则在后面叙述。

（5）按位权展开式（也是转换成十进制数的方法）见例2.2。

例2.2　把二进制数 10110101.101B 转换成十进制数。

解：$10110101.101B = 1 \times 2^7 + 0 \times 2^6 + 1 \times 2^5 + 1 \times 2^4 + 0 \times 2^3$
$$+ 1 \times 2^2 + 0 \times 2^1 + 1 \times 2^0 + 1 \times 2^{-1} + 0 \times 2^{-2} + 1 \times 2^{-3}$$
$$= 128 + 32 + 16 + 4 + 1 + 0.5 + 0.125 = 181.625D$$

当然，完全按照二进制形式的位权展开式如下（展开式中的10是二进制表示）：

$10110101.101B = 1 \times 10^{111} + 0 \times 10^{110} + 1 \times 10^{101} + 1 \times 10^{100} + 0 \times 10^{11} + 1 \times 10^{10} + 0 \times 10^1 + 1 \times 10^0$
$$+ 1 \times 10^{-1} + 0 \times 10^{-10} + 1 \times 10^{-11}$$

5）八进制数（octal）的表示方法及对应的十进制数

（1）数码：0、1、2、3、4、5、6、7。

（2）最小数码：0；最大数码：7；基数：8。

（3）表示方式：$(567.4)_8$ 或 567.4O，即用下标"8"或后缀"O"表示八进制。

（4）运算规则：逢八进一，借一当八。

（5）按位权展开式（也是转换成十进制数的方法）见例2.3。

例2.3　把八进制数 567.4O 转换成十进制数。

解：$567.4O = 5 \times 8^2 + 6 \times 8^1 + 7 \times 8^0 + 4 \times 8^{-1} = 320 + 48 + 7 + 0.5 = 375.5D$

当然，完全按照八进制形式的位权展开式如下（展开式中的10是八进制表示）：

$$567.4O = 5 \times 10^2 + 6 \times 10^1 + 7 \times 10^0 + 4 \times 10^{-1}$$

6）十六进制数（hexadecimal）的表示方法及对应的十进制数

（1）数码：0~9、A、B、C、D、E、F。

（2）最小数码：0；最大数码：F（15D）；基数：16。

（3）表示方式：$(2AFC)_{16}$ 或 2AFCH，即用下标"16"或后缀"H"表示十六进制。

（4）运算规则：逢十六进一，借一当十六。

（5）按位权展开式（也是转换成十进制数的方法）见例2.4。

例2.4 把十六进制数 2AF.CH 转换成十进制数。

解：$2AF.CH = 2 \times 16^2 + 10 \times 16^1 + 15 \times 16^0 + 12 \times 16^{-1} = 512 + 160 + 15 + 0.75 = 687.75D$

当然，完全按照十六进制形式的位权展开式如下（展开式中10是十六进制表示）：

$$2AF.CH = 2 \times 10^2 + A \times 10^1 + F \times 10^0 + C \times 10^{-1}$$

7）R进制计数制

（1）数码：0、1、2、……、R-1。

（2）最小数码：0；最大数码：R-1；基数：R。

（3）运算规则：逢R进一，借一当R。

（4）对于任意的R进制计数制，表示方法及将其转换成十进制数的方法与上述相同。

例2.5 设在计算机中有某进制数 3+4=10，根据这个运算规则，6+5=？

解：由该进制数的运算规律 3+4=10 可以知道，其逢七进一，属于七进制数，所以根据这个运算规则，有 6+5=14。

3. 数制间的转换

本节介绍十进制转换为其他进制数的方法，以及二进制数与八进制数、二进制数与十六进制数之间简捷的相互转换方法。

1）将十进制数转换为其他进制数

将十进制数转换为任意的R进制数时，整数部分和小数部分要分别转换。

（1）整数部分的转换方法：

十进制的整数部分不断地除以基数R取余数，除到商为0后，按照后取得的余数排在前面，先取得的余数排在后面的方法，即可得到相应的R进制数。

例2.6 将十进制数237转换为二进制、八进制、十六进制数。如图2-1所示，除R取余，倒序排列。计算得 $(237)_{10} = (11101101)_2 = (355)_8 = (ED)_{16}$。

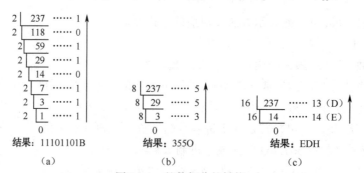

图 2-1 整数部分的转换

（a）转换为二进制数；（b）转换为八进制数；（c）转换为十六进制数

（2）小数部分的转换方法：

十进制的小数部分不断地乘以基数 R 取整，乘到积为 0 或不能乘到 0 时按规定的位数取舍，然后按照先取得的整数排在前面，后取得的整数排在后面的规则，即可得到 R 进制的小数部分。

例2.7 将十进制小数 0.687 5 转换为二进制、八进制、十六进制小数。如图 2-2 所示，乘 R 取整，正序排列。计算得 $(0.687\ 5)_{10} = (0.1011)_2 = (0.54)_8 = (0.B)_{16}$。

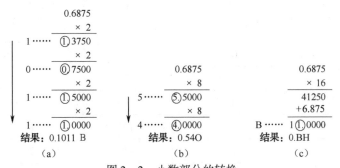

图 2-2　小数部分的转换

（a）转换为二进制数；（b）转换为八进制数；（c）转换为十六进制数

注意：十进制整数是可以用二进制精确表示的，但是，有些十进制小数无法用二进制精确表示，只能近似表示。如十进制小数 0.34 转换为二进制数时（如图 2-3 所示），只能用二进制数 0.010101B 近似表示，保留的小数位数根据题目要求来定。

小数部分：	整数位
0.34×2=0.68	0
0.68×2=1.36	1
0.36×2=0.72	0
0.72×2=1.44	1
0.44×2=0.88	0
0.88×2=1.76	1

· · ·

所以：0.34=0.0101 … B

图 2-3　十进制小数不能精确地用二进制数表示的例子

（3）既有整数又有小数的情况：

把转换过来的对应进制数的整数部分和小数部分放在一起。

例2.8　$(237.687\ 5)_{10} = (11101101.1011)_2 = (355.54)_8 = (ED.B)_{16}$

2）十进制与二进制数、八进制数、十六进制数的相互转换。

根据表 2-1，进行二进制、八进制数字之间的转换。

（1）二进制数与八进制数的相互转换

①将二进制数转换为八进制数。

规则：以小数点为准，三位化为一组，不够三位的整数部分在前面补 "0"，小数在后面补 "0"，然后每一组用相应的一位八进制数码表示即可。注意小数部分最后不够三位一组时，必须补 "0" 凑够三位，否则会出现转换错误。

例2.9　$(11101101.1011)_2 = (011\ 101\ 101.101\ 100)_2 = (355.54)_8$

表 2-1　十进制数与二进制数、八进制数、十六进制数的对应关系

十进制数	二进制数	八进制数	十六进制数
0	0000	0	0
1	0001	1	1
2	0010	2	2
3	0011	3	3
4	0100	4	4
5	0101	5	5
6	0110	6	6
7	0111	7	7
8	1000	10	8
9	1001	11	9
10	1010	12	A
11	1011	13	B
12	1100	14	C
13	1101	15	D
14	1110	16	E
15	1111	17	F

②将八进制数转换为二进制数。

规则：每一位八进制数用三位二进制数表示，把所有八进制位对应的二进制数连起来，最后去掉最前面和最后面的"0"即可。

例 2.10　$(355.54)_8 = (011\ 101\ 101.101\ 100)_2 = (11101101.1011)_2$

（2）二进制数与十六进制数的相互转换。

①将二进制数转换为十六进制数。

规则：以小数点为准，四位化为一组，不够四位的整数部分在前面补"0"，小数在后面补"0"，然后每一组用一位相应的十六进制数码表示即可。

例 2.11　$(101101.1)_2 = (0010\ 1101.1000)_2 = (2D.8)_{16}$

②将十六进制数转换为二进制数。

规则：每一位十六进制数用四位二进制数表示，把所有十六进制位对应的二进制数连起来，最后去掉最前面和最后面的"0"即可。

例 2.12　$(2D.8)_{16} = (00101101.1000)_2 = (101101.1)_2$

4. 二进制数的运算规则

1）算术运算规则

加法：$0+0=0$，$0+1=1+0=1$，$1+1=10$。

减法：$0-0=1-1=0$，$1-0=1$，$0-1=1$。

乘法：$0 \times 0 = 1 \times 0 = 0 \times 1 = 0$，$1 \times 1 = 1$。

除法：$0/1 = 0$，$1/1 = 1$。

注意二进制算数运算像十进制一样有"进位"和"借位"问题，不过是"逢二进一"和"借一当二"，如：

$(123.5)O - (123.5)D = (1010011.101)B - (1111011.1)B = (-100111.111)B = (-27.E)H$

2）逻辑运算规则

（1）逻辑"与"运算（AND）：

$0 \wedge 0 = 0, 0 \wedge 1 = 0, 1 \wedge 0 = 0, 1 \wedge 1 = 1$。

（2）逻辑"或"运算（OR）：

$0 \vee 0 = 0, 1 \vee 0 = 1, 0 \vee 1 = 1, 1 \vee 1 = 1$。

（3）逻辑"非"运算（NOT）：

$\bar{1} = 0$，$\bar{0} = 1$。

（4）逻辑"异或"运算（XOR）：

$0 \oplus 0 = 0$，$0 \oplus 1 = 1$，$1 \oplus 0 = 1$，$1 \oplus 1 = 0$。

注意：逻辑运算是按对应位运算，不存在算数运算中的进位和借位问题，如：

$((123.5)O)B \oplus ((123.5)D)B = (1010011.101)B \oplus (1111011.100)B = (0101000.001)B$

2.2　计算机中数的表示

1. 计算机中数的计数单位

数的最小单位：bit（比特，一个二进制位），0或1。

数的基本单位：Byte（拜特，字节）。

1 Byte = 8 bit(1 字节 = 8 位)；

1 KB = 2^{10} Byte = 1 024 B；

1 MB = 2^{10} KB = 2^{20} B = 1 048 576 B；

1 GB = 2^{10} MB = 2^{20} KB = 2^{30} B；

1 TB = 2^{10} GB = 2^{20} MB = 2^{30} KB = 2^{40} B；

1 PB = 2^{10} TB；

1 EB = 2^{10} PB；

1 ZB = 2^{10} EB；

1 YB = 2^{10} ZB；

1 BB = 2^{10} YB；

1 NB = 2^{10} BB；

1 DB = 2^{10} NB。

在计算机中表示的数称为机器数，机器数所代表的真正意义的数值称为真值。机器数是以字节为基本长度单位表示的。通常机器数可表示成8位、16位、32位、64位等形式，其所表示的数可以是无符号数，也可以是不同形式的有符号数，还可以指定小数点的位置及用以科学计数法的形式出现的浮点数来表示，而不同数量的字节组合可表示的数据的范围是不一样的。

2. 计算机内存的结构与编址方法

计算机内存中，无论是8位、16位、32位还是64位（通常叫字长）的存储单元都是按照顺序存放的，每个存储单元存储相应位数的二进制数，存储单元地址（类似于宾馆的房间号）按从前到后依次编列，存储单元地址的位数依赖需要编址的存储单元数目，就像宾馆的房间编号依赖于整栋宾馆的房间数一样，不同于宾馆编址的地方是内存编址没有楼层的概念，内存单元是连续依次编址。表2-2所示为计算机内存存储单元结构与编址的对应关系。

表2-2 计算机内存存储单元结构与编址的对应关系（32位）

地址	每个内存存储单元对应的二进制位																															
	0	1	2	3	4	5	6	7	8	9	10	11	12	13	14	15	16	17	18	19	20	21	22	23	24	25	26	27	28	29	30	31
0000 0000H																																
0000 0001H																																
0000 0002H																																
0000 0003H																																
0000 0004H																																
FFFF FFFEH																																
FFFF FFFFH																																

3. 无符号数的表示

（1）8位存储单元无符号数的表示范围：

$0 \leqslant X \leqslant 2^8 - 1$，即 $0 \sim 255$。

（2）16位存储单元无符号数的表示范围：

$0 \leqslant X \leqslant 2^{16} - 1$，即 $0 \sim 65\,535$。

（3）32位存储单元无符号数的表示范围：

$0 \leqslant X \leqslant 2^{32} - 1$，即 $0 \sim 4\,294\,967\,295$。

（4）64位存储单元无符号数的表示范围：

$0 \leq X \leq 2^{64} - 1$，即 $0 \sim 18\ 446\ 744\ 073\ 709\ 551\ 615$。

实际应用中，如果需要存放的数太大，一个存储单元无法存下，则往往用多个连续的存储单元一起存放该数。这就克服了计算机字长不够带来的数值表示范围小的问题，早期的计算机就是用这种方法来实现特别大、特别小的数值存放问题。

4. 有符号数的表示

表示有符号数时，一般用机器数的最高位表示符号位，"0"表示正数，"1"表示负数，其余则为数值位。带符号的机器数有 3 种表示法，即原码表示、反码表示和补码表示。使用补码，可以将符号位和其他位统一处理；同时，减法也可按加法来处理，方便硬件实现。另外，两个用补码表示的数相加时，如果最高位（符号位）有进位，则进位被舍弃。

1）整数的表示

（1）原码表示：最高 "0" 表示正号，"1" 表示负号，数值位保持不变。

（2）反码表示：正数的反码等于原码，负数的反码等于原码的数值位按位取反。

（3）补码表示：正数的补码等于原码，负数的补码等于其反码末位加 1。

例 2.13

$[+42]_{原} = 0\ 0101010B$，$[-42]_{原} = 1\ 0101010B$。

$[+42]_{反} = 0\ 0101010B$，$[-42]_{反} = 1\ 1010101B$。

$[+42]_{补} = 0\ 0101010B$，$[-42]_{补} = 1\ 1010110B$。

2）小数的表示

（1）原码表示：正小数，其小数点前一位用 "0" 表示；负小数，其小数点前一位用 "1" 表示。小数值部分保持不变。

（2）反码表示：正小数的反码等于原码，负小数的反码等于原码的数值位按位取反。

（3）补码表示：正小数的补码等于原码，负小数的补码等于其反码末位加 1。

例 2.14

$[+0.625]_{原} = 0\ 101B$，$[-0.625]_{原} = 1\ 101B$。

$[+0.625]_{反} = 0\ 101B$，$[-0.625]_{反} = 1\ 010B$。

$[+0.625]_{补} = 0\ 101B$，$[-0.625]_{补} = 1\ 011B$。

3）正确理解补码

补码隐含着 "模" 的概念。"模" 是指一个计量系统的计数范围。例如：钟表的计量范围是 $0 \sim 11$，模 $=12$。计算机也可以看成一个计量机器，它也有一个计量范围，与其所表示的数的二进制位数有关，位数少表示的数的绝对值就小，位数多表示的数的绝对值就大，即存在一个 "模"。n 位计算机的计量范围是 $0 \sim 2^{n-1}$，那么模为 2^n。

一般做补码类题目时应注意，数的位数是几位就按几位计算，前、后不再添加 "0" 来凑位数，有指定位数要求的按指定的位数来处理。

补码的特性如下：

（1）一个负整数（或原码）与其补数（或补码）相加，和为模。

（2）对一个整数的补码再求补码，等于该整数自身。

（3）补码的正零与负零表示方法相同。$[+0]$ 和 $[-0]$ 的补码都是 $[0]$。

5. 定点数和浮点数

1）定点数（fixed - point number）

计算机处理的数据不仅有符号，而且大量的数带有小数，存放时，小数点不占二进制位，而是隐含在机器数里某固定位置上。通常采用两种简单的约定：一种约定是所有机器数的小数点位置隐含在机器数的最低位之后，叫作定点纯整数机器数，简称定点整数。另一种约定是所有机器数的小数点位置隐含在符号位之后、有效数值部分最高位之前，叫作定点纯小数机器数，简称定点小数。

定点数的表示方法简单直观，不过定点数表示的数的范围小，不易选择合适的比例因子，在运算过程中容易产生溢出。

2）浮点数（floating - point number）

计算机采用浮点数表示数值，它与科学计算法相似，把任意一个二进制数通过移动小数点位置表示成阶码（exponent）和尾数（mantissa）两部分：$N = 2^E \times S$。

其中：E 代表 N 的阶码，是有符号的整数；S 代表 N 的尾数，是数值的有效数字部分，一般规定为纯小数形式。

浮点数在计算机中的存储格式如图 2-4 所示。

阶符	阶码	数符	尾数

图 2-4　浮点数在计算机中的存储格式

阶码只能是一个带符号的整数，它用来指示尾数中的小数点应当向左或向右移动的位数，阶码本身的小数点约定在阶码最右面。尾数表示数值的有效数字，其本身的小数点约定在数符和尾数之间。在浮点数的表示中，数符和阶符都各占一位，阶码的位数随数值表示的范围而定，尾数的位数则依数的精度要求而定。

例 2.15：$(-145)D = (-10010001)B = 2^{8D} \times (-0.10010001)B = (2^{1000} \times 1\ 01101111)_{补码}$ 的存储形式如图 2-5 所示。

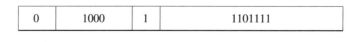

0	1000	1	1101111

图 2-5　（-145）D 的存储形式

2.3　字符的编码（ASCII 码）

目前计算机中应用最广泛的字符集及其编码，是由美国国家标准局（ANSI）制定的美国标准信息交换码（American Standard Code for Information Interchange，ASCII），它已被国际标准化组织（ISO）定为国际标准，称为 ISO 646 标准。标准 ASCII 码字符集见表 2-3。

因为 1 位二进制数可以表示 $2^1 = 2$ 种状态——0、1，而 2 位二进制数可以表示 $2^2 = 4$ 种状态——00、01、10、11。依此类推，7 位二进制数可以表示 $2^7 = 128$ 种状态，每种状态都唯一地编为一个 7 位的二进制码，对应一个字符（或控制码），这些码可以排列成一个十进制序号 0~127。所以，7 位 ASCII 码是用 7 位二进制数进行编码的，可以表示 128 个字符。

表 2-3 标准 ASCII 码字符集

码值	编码	字符	码值	编码	字符	码值	编码	字符	码值	编码	字符
0	00H	NUL	32	20H	SP	64	40H	@	96	60H	`
1	01H	SOH	33	21H	!	65	41H	A	97	61H	a
2	02H	STX	34	22H	"	66	42H	B	98	62H	b
3	03H	ETX	35	23H	#	67	43H	C	99	63H	c
4	04H	EOT	36	24H	$	68	44H	D	100	64H	d
5	05H	ENQ	37	25H	%	69	45H	E	101	65H	e
6	06H	ACK	38	26H	&	70	46H	F	102	66H	f
7	07H	BEL	39	27H	´	71	47H	G	103	67H	g
8	08H	BS	40	28H	(	72	48H	H	104	68H	h
9	09H	HT	41	29H	)	73	49H	I	105	69H	i
10	0AH	LF	42	2AH	*	74	4AH	J	106	6AH	j
11	0BH	VT	43	2BH	+	75	4BH	K	107	6BH	k
12	0CH	FF	44	2CH	,	76	4CH	L	108	6CH	l
13	0DH	CR	45	2DH	–	77	4DH	M	109	6DH	m
14	0EH	SO	46	2EH	.	78	4EH	N	110	6EH	n
15	0FH	SI	47	2FH	/	79	4FH	O	111	6FH	o
16	10H	DLE	48	30H	0	80	50H	P	112	70H	p
17	11H	DC1	49	31H	1	81	51H	Q	113	71H	q
18	12H	DC2	50	32H	2	82	52H	R	114	72H	r
19	13H	DC3	51	33H	3	83	53H	S	115	73H	s
20	14H	DC4	52	34H	4	84	54H	T	116	74H	t
21	15H	NAK	53	35H	5	85	55H	U	117	75H	u
22	16H	SYN	54	36H	6	86	56H	V	118	76H	v
23	17H	ETB	55	37H	7	87	57H	W	119	77H	w
24	18H	CAN	56	38H	8	88	58H	X	120	78H	x
25	19H	EM	57	39H	9	89	59H	Y	121	79H	y
26	1AH	SUB	58	3AH	:	90	5AH	Z	122	7AH	z
27	1BH	ESC	59	3BH	;	91	5BH	[	123	7BH	{
28	1CH	FS	60	3CH	<	92	5CH	\	124	7CH	¦
29	1DH	GS	61	3DH	=	93	5DH	]	125	7DH	}
30	1EH	RS	62	3EH	>	94	5EH	^	126	7EH	~
31	1FH	US	63	3FH	?	95	5FH	_	127	7FH	DEL

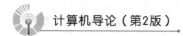
表中第 0～31 号及第 127 号（共 33 个）是控制字符或通信专用字符，如控制符：LF（换行）、CR（回车）、FF（换页）、DEL（删除）、BEL（振铃）等；通信专用字符：SOH（文头）、EOT（文尾）、ACK（确认）等。第 32～126 号（共 95 个）是字符，其中第 48～57 号为 0～9 十个阿拉伯数字；65～90 号为 26 个大写英文字母，97～122 号为 26 个小写英文字母，其余为一些标点符号、运算符号等。

2.4 汉字的编码

目前计算机中的汉字编码有国标码 GB2312－80、GBK 编码、GB18030－2000 新国标码，同时又有输入码和字形码之分。

1. 国标码 GB2312－80

我国 1980 年发布的《信息交换用汉字编码字符集基本集》（GB2312－80）是中文信息处理的国家标准（图 2－6 所示为标准样页），在中国大陆及海外使用简体中文的地区（如新加坡等）是强制使用的唯一中文编码。它是一个简化字的编码规范，当然也包括其他符号、字母、日文假名等，共 7 445 个图形字符，其中汉字占 6 763 个。GB2312 规定，对任意一个图形字符都采用两个字节表示，每个字节均采用 7 位编码表示，习惯上称第一个字节为"高字节"，叫作区码；第二个字节为"低字节"，叫作位码。计算机、手机的中文操作系统都支持 GB2312 基本汉字编码。

图 2－6 GB2312－80 编码标准样页

1）区位码

由以上叙述可知，一个汉字在 GB2312 标准中的位置可用区位码来表示，区位码 = 区号 + 位号（均各采用两位十进制描述），例如汉字"啊"处于 16 区的 01 位，则其区位码为 1601；"住"字的区位码为 5501；"冼"字的区位码为 5794。

2）机内码

区位码在计算机中是不能直接存放和使用的，它的位码、区码和 ASCII 码是重叠的，由此诞生了机内码。机内码是在计算机内部表示汉字的代码，汉字机内码占两个字节（每个字节由八位二进制表示），每个字节的最高位为 1，以区别 ASCII 码（最高位为 0）。同时，除最高位以外对应的区、位码的值向后增加 32。由区位码换算成汉字内码时，区码和位码单独转换，然后合并在一起即可，一般用十六进制表示。转换公式如下：

$$汉字机内码高位字节 = （区号）_{16} + （A0）_{16}$$

$$汉字机内码低位字节 = （位号）_{16} + （A0）_{16}$$

例 2.16：求区位码为 1601 的汉字"啊"的机内码。

汉字"啊"的机内码高位字节 = 16D + A0H = 10H + A0H = B0H；

汉字"啊"的机内码高位字节 = 01D + A0H = 01H + A0H = A1H。

所以，汉字"啊"的机内码为：B0A1H。

2. GBK 编码

GBK 编码（Chinese Internal Code Specification）是中国大陆制定的新的中文编码扩展国家标准。GBK 编码能够用来同时表示繁体字和简体字，而 GB 2312 只能表示简体字，GBK 编码是兼容 GB 2312 编码的。GBK 工作小组于 1995 年 12 月完成 GBK 规范。该编码标准兼容 GB 2312 编码，共收录汉字 21 003 个、符号 883 个，并提供 1 894 个造字码位，简、繁体字融于一库。Windows 95 以后的简体中文版操作系统的字库表层编码采用的就是 GBK 编码。

3. GB 18030—2000 编码

GB 18030—2000 编码标准是由信息产业部和国家质量技术监督局在 2000 年 3 月 17 日联合发布的，并且被作为一项国家标准强制执行。GB 18030—2000 编码标准是在原来的 GB 2312—1980 编码标准和 GBK 编码标准的基础上进行扩充，增加了 4 字节部分的编码。它可以完全映射 ISO 10646 的基本平面和所有辅助平面，共有 150 多万个码位。在 ISO 10646 的基本平面内，它在原来的 2 万多汉字的基础上增加了 7 000 多个汉字的码位和字型，从而使基本平面的汉字达到 27 000 多个。它的主要目的是解决一些生、偏、难字的问题，以及适应出版、邮政、户政、金融、地理信息系统等迫切需要的人名、地名用字问题。

有的中文 Windows 系统的缺省内码还是 GBK，这可以通过 GB 18030 升级包升级到 GB 18030。不过 GB 18030 相对 GBK 增加的字符普通人是很难用到的，人们通常还是用 GBK 指代中文 Windows 内码。

4. 汉字输入码

汉字输入码是指直接从键盘输入的各种汉字输入方法的编码，属于外码。例如全拼方案中"网"的输入码是"wang"，双拼方案中"网"的输入码是"wh"，因为有同音字，所以相同的输入码对应的汉字不唯一。此外，不同的输入方案中汉字的输入码也不尽相同。

5. 字形码

用点阵方式构造汉字字形，然后存储在计算机内，即构成汉字字模库。其目的是显示和打印汉字。显示一个汉字一般采用 16×16 点阵、24×24 点阵或 48×48 点阵。图 2-7 所示是一个 16×16 点阵字形图，根据汉字点阵的大小，可以计算出存储一个汉字所需的存储空间，即字节数 = 点阵行数×（点阵列数/8）。

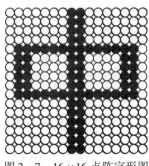

图 2-7 16×16 点阵字形图

例 2.16 分别计算一个 16×16 点阵汉字和一个 32×32 点阵汉字所占用的存储空间。

解： 一个 16×16 点阵汉字所占用的存储空间 = 16×16/8 = 32（字节）。

一个 32×32 点阵汉字所占用的存储空间 = 32×32/8 = 128（字节）。

全部汉字字形码的集合叫作汉字字库。汉字字库可分为软字库和硬字库。软字库以文件的形式存放在硬盘上，现多用这种方式。硬字库则将字库固化在一个单独的存储芯片中，再和其他必要的器件组成接口卡，插接在计算机上，通常称为汉卡，现在已不常用。

6. 矢量汉字字符

矢量汉字在计算机中用汉字中每一个笔画的起始、终止坐标，半径、弧度等字形信息来描述汉字，在显示、打印这一类汉字时，要经过一系列的数学运算才能输出结果，但是这一类字库保存的汉字理论上可以被无限地放大，笔画轮廓仍然能保持圆滑，最大限度地克服了点阵汉字放大后出现的"锯齿"问题。某一类字形（如宋体）的所有汉字字形信息存放在一个指定字库文件中。

Windows 系统使用的字库也有两类。在"FONTS"目录下，字体文件扩展名为"FON"的文件表示该文件为点阵字库，其中存放字符（包括汉字）的点阵信息；字体文件扩展名为"TTF"的文件是矢量字库，在矢量字库中保存的是对每一个字符（包括汉字）的字形描述信息。

二进制是当今电子计算机中程序、数据、图像、视频等所有信息的最底层表示方式，十六进制是查看底层程序、数据的常见数制，其中的文字类信息（各国的文字、数字、符号等）是按代码进行处理的，图像是足够密集的像素点阵组成的，不同表现质量的像素所用的二进制位数不同，例如要展示每个像素点有 256 级灰度的图像，一个像素点需要用一个字节表示，而屏幕像素采用三基色红、绿、蓝（RGB）的真彩色显示时则需要 3 个字节。视频是多幅图像的连续播放产生的效果，因此占用的字节数也成指数倍数增加。二进制、十六进制、信息编码、数据的存储方式是计算机类专业一年级学生必须掌握的基本知识。

● 本章小结

1. 基本概念

（1）数位：指数码在一个数中所处的位置。

（2）基数：指在某种进位计数制中，每个数位上所能使用的数码的个数。

（3）位权：对于多位数，处在某个位上的"1"所表示的数值的大小。

2. 不同数制的转换

（1）十进制整数转换为 R 进制数—除 R（基数）取余法，余数倒序排列。

（2）十进制纯小数转换为 R 进制数—乘 R（基数）取整法，整数正序排列。

（3）R 进制数转化为十进制数—乘权求和法。

（4）八、十六进制数转换为二进制数—每 1 位八进制数用 3 位二进制数表示，每 1 位十六进制数用 4 位二进制数表示。

（5）二进制数转换为八、十六进制数—从小数点开始分别向左、右展开，每 3 位二进制数用 1 位八进制数表示，每 4 位二进制数用 1 位十六进制数表示。

3. 原码、反码、补码

（1）在计算机系统中，数值一律用补码表示（存储），目的在于用加法运算代替减法运算，简化硬件的复杂程度。

（2）原码的整数部分和小数部分转换成补码的过程几乎是相同的。注意以下两点：

①正数的补码：与原码相同。

②负数的补码：符号位为"1"，其余位为该数绝对值的原码按位取反，最后个位加 1。

4. 字符编码

计算机中应用最广泛的字符集及其编码，是由美国国家标准局（ANSI）制定的美国标准信息交换码（American Standard Code for Information Interchange，ASCII），它已被国际标准化组织（ISO）定为国际标准，称为 ISO 10646 标准。

5. 汉字编码

常用的汉字编码标准有国标码 GB 2312—1980、GBK 编码和 GB 18030—2000 编码。学生还应掌握汉字机内码、汉字的输入码、点阵汉字的字形码、矢量汉字字符等概念。

● 练习题

1. 将十进制数 256.675 转化成二进制数、八进制数、十六进制数。

2. 将二进制数 1000001 转化为十进制数。

3. 将八进制数 100 转化为十进制数。

4. 将十六进制数 FFF. CH 转化为十进制数。

5. 将八进制数 2671 转化为十六进制数。

6. 将二进制小数 0.111111 转化为十进制数。

7. 将十进制数 −29 表示为二进制补码。

8. 已知英文字母 a 的 ASCII 码值是 61H，那么字母 d 的 ASCII 码值是（   ）。

9. 存储一个汉字的机内码需要（   ）个字节。

10. 某汉字的区位码是 5448，它的机内码是（   ）H。

第3章

计算机系统

知识目标

（1）了解计算机系统的组成和工作原理；

（2）了解计算机的组成部件；

（3）了解操作系统的发展历史；

（4）了解计算机故障诊断方法，会使用常用工具软件。

IT 行业是一个巨大而非理性的行业，但的确是一个世界上最令人激动的行业。如果你爱竞争，如果你爱胜出，如果你爱改革，如果你爱建构一些令人激动的新事物，如果你爱在一周七天中既接受智力挑战又接受情感挑战，那么就没有什么行业比 IT 行业更适合你了！[1]

——IBM 公司前总裁郭士纳

3.1　计算机系统的组成

当今，数字计算机基本上仍是延续了其诞生时的体系结构——冯·诺伊曼体系结构，如图 3－1 所示。1945 年 6 月，美籍匈牙利科学家冯·诺伊曼提出了在数字计算机内部的存储器中存放程序的概念，这是所有现代电子计算机的模板，被称为"冯·诺伊曼体系结构"。冯·诺伊曼体系结构的计算机主要由运算器、控制器、存储器和输入/输出设备组成，其特点是：程序和数据以二进制代码的形式存放在存储器中；所有的指令都是由操作码和地址码组成；指令在其存储过程中按照执行的顺序进行存储；以运算器和控制器作为计算机结构的中心等。

计算机指令程序在运行时，先从内存中取出第一条指令，通过控制器的译码，按指令的要求，从存储器中取出数据进行指定的运算和逻辑操作加工，然后再按地址把结果送到内存中。接下来，取出第二条指令，在控制器的指挥下完成规定操作。依此进行下去，直至遇到停止指令。

---

① 李鸿谷. 联想涅槃：中国企业全球化教科书［M］. 北京：中信出版社，2015.

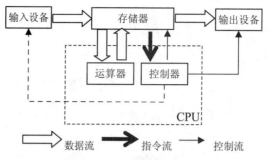

图 3-1　冯·诺伊曼体系结构

　　宏观上看，计算机系统可简单地分为硬件系统和软件系统（其组成架构如图 3-2 所示）。硬件系统是指组成计算机的各种物理器件，是看得见、摸得着的实体物理设备，它包括计算机主机和外部设备，主机里面有中央处理器（CPU），它是运算器和控制器的结合体，是计算机的总控中心。内存储器（简称"内存"）负责存储要运行的程序和数据，它的主要特点是存取速度很快，但断电后不保存数据。外围设备有外存储器（简称"外存"）负责长期存储程序和信息，其特点是存取速度慢，存储容量大，断电后数据仍能保存不丢失。输入设备负责信息的输入，如键盘、鼠标、扫描仪等。输出设备负责信息的输出，如显示器、打印机、绘图仪等。需要强调的是，主机和主机箱是两个不同的概念，一般主机箱中有 CPU、内存、外存、电源模块，它们通过主机板连接起来，同时主机板还提供其他外围设备的接口，如显示器、键盘、鼠标、打印机接口，还有 UBS 接口、联网接口、音频接口等，详见本章下一节的介绍。软件系统包括系统软件和应用软件。软件是指计算机系统中的程序及其文档，程序是计算机任务的载体，程序必须装载到计算机中才能工作。软件可以看作用户与硬件之间的界面，用户主要通过软件与计算机进行交流。应用软件是人们日常使用的、面向某一特定应用场景而开发的专用程序，如办公软件、教学管理软件、手机 APP 等，种类繁多，丰富多彩。系统软件主要指操作系统，它是硬件和应用软件之间的通道和桥梁，它负责硬件的管理和调度，所有应用程序往往通过它来运行程序和使用硬件设备。编译软件和数据库管理系统是在程序员进行软件开发时使用的编程和数据管理工具，对最终用户是透明的。

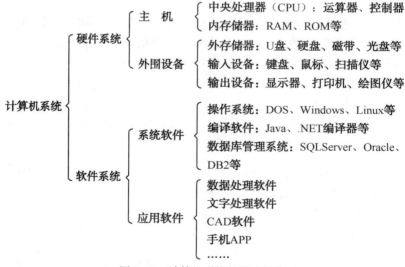

图 3-2　计算机系统的组成架构

3.2 计算机的主要组成部件

现代微型计算机的鼻祖如图3-3所示，它是由IBM公司在1981年8月生产的个人电脑PC 5150，由于其采用了开放性政策，其后与其兼容的电脑生产商竞相跟进，推动了兼容电脑的快速生产，占据了绝大部分个人电脑市场。目前市场上流行的微型电脑、笔记本电脑等几乎都是这台机器的后代。

图3-3 IBM公司1981年生产的个人电脑PC5150

图3-4所示是当今常见普通电脑的种类。从外观上看，普通计算机主要由主机箱、外部连接设备组成［如图3-4（a）所示］，主机箱中通常有主板、CPU、内存条、硬盘、光驱、芯片组、电源模块，主板上还留有连接外部设备和网络的接口，连接的外部设备通常有键盘、鼠标、显示器、打印机、扫描仪等。需要说明的是，芯片组负责协调连接在主板上的各个部件和接口接入设备的有序、良性运转，而笔记本电脑、平板电脑［如图3-4（b）、（c）所示］又把显示器、键盘、鼠标等跟主机箱中除电源模块以外的器件集成到一起，其体积越来越小，性能越来越强。

（a）   （b）   （c）

图3-4 当今常见普通电脑的种类

3.2.1 主板

主板又叫主机板（mainboard）、系统板（systemboard）或母板（motherboard），它安装在主机箱内，是计算机中最基本，也是最重要的部件。主板一般为矩形电路板，上面安装了组成计算机的主要电路系统，一般有BIOS芯片、I/O控制芯片、键盘和面板控制开关接口、指示灯、插接件、扩充插槽、主板及插卡的直流电源供电接插件等元件。微型计算机典型主板的外观如图3-5所示。

图 3 - 5　微型计算机典型主板的外观

主流主板生产厂家有技嘉（GIGABYTE）、华硕（ASUS）、微星（MSI）、七彩虹（COL-ORFUL）等。图 3 - 6 所示为华硕 P8Z77 - V LK 主板（Intel Z77/LGA 1155）。

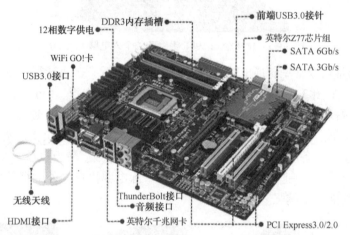

图 3 - 6　华硕 P8Z77 - V LK 主板

主板上的主要接口如图 3 - 7 所示，主要有键盘接口、VGA 显示器接口、USB2．0 和 3．0 接口、HDMI 高清多媒体接口（HDMI）、数字视频接口（DVI）、网络接口、普通音频接口、光纤音频接口等。

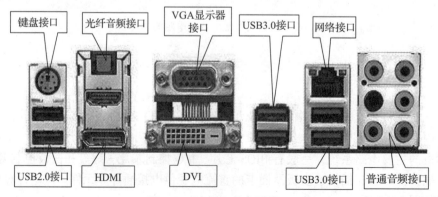

图 3 - 7　主板上的主要接口

3.2.2 芯片组

芯片组（chipset）是主板的核心组成部分，几乎决定了主板的功能，它会影响整个计算机系统性能的发挥。按照在主板上排列位置的不同，芯片组通常分为北桥芯片和南桥芯片。北桥芯片提供对 CPU 的类型和主频、内存的类型和最大容量、ISA/PCI/AGP 插槽、ECC 纠错等的支持。南桥芯片则提供对键盘控制器（KBC）、实时时钟控制器（RTC）、通用串行总线（USB）、Ultra DMA/33（66）EIDE 数据传输方式和高级能源管理（ACPI）等的支持。其中北桥芯片起着主导性的作用，也称为主桥（host bridge）。现在基本把北桥芯片和南桥芯片做在一起。

BIOS 是英文"Basic Input Output System"的缩写，中文名称是"基本输入/输出系统"。其实，它是一组固化到计算机内主板上一个 ROM 芯片上的程序，它保存着计算机中最重要的基本输入/输出程序、系统设置信息、开机后自检程序和系统自启动程序。其主要功能是为计算机提供最底层的、最直接的硬件设置和控制。

计算机部件配置信息放在一块可读写的 CMOS RAM 芯片中的，它保存着系统 CPU、软/硬盘驱动器、显示器、键盘等部件的信息。关机后，系统通过一块后备电池向 CMOS 供电以保持其中的信息。如果 CMOS 中关于计算机的配置信息不正确，会导致系统性能降低、零部件不能识别，并由此引发一系列软/硬件故障。在 BIOS ROM 芯片中装有一个"系统设置程序"，它是用来设置 CMOS RAM 中的参数。这个程序一般在开机时按下一个或一组键即可进入，它提供了良好的界面供用户使用。这个设置 CMOS 参数的过程，习惯上也称为"BIOS 设置"。新购的计算机或新增了部件的系统，都需进行 BIOS 设置。

3.2.3 中央处理器（CPU）

中央处理器（Central Processing Unit，CPU）是一块超大规模的集成电路，是计算机的运算核心和控制核心。它主要包括运算器（Arithmetic and Logic Unit，ALU）和控制器（Control Unit，CU）两大部件，此外还包括若干个寄存器和高速缓冲存储器及实现它们之间联系的数据、控制及状态的总线。CPU 的外观如图 3-8 所示。

（a）　　　　　　　　　　　（b）

图 3-8　CPU 的外观

（a）国产 CPU；（b）进口 CPU（正、反面）

1. CPU 的主要功能

（1）处理指令（processing instructions）：这是指控制程序中指令的执行顺序。程序中的各指令之间是有严格顺序的，必须严格按程序规定的顺序执行，才能保证计算机系统工作的正确性。

（2）执行操作（perform an action）：一条指令的功能往往是通过计算机中的部件执行一系列的操作来实现的。CPU 要根据指令的功能，产生相应的操作控制信号，发给相应的部件，从而控制这些部件按指令的要求进行动作。

（3）控制时间（control time）：控制时间就是对各种操作实施时间上的定时。在一条指令的执行过程中，在什么时间进行什么操作均应受到严格的控制。只有这样，计算机才能有条不紊地工作。

（4）处理数据：这是指对数据进行算术运算和逻辑运算，或进行其他的信息处理。

2. CPU 的工作原理

CPU 的工作过程可基本分为 4 个阶段：提取（fetch）、解码（decode）、执行（execute）和写回（writeback）。

CPU 从存储器或高速缓冲存储器中取出指令，放入指令寄存器，并对指令译码。它把指令分解成一系列微操作，然后发出各种控制命令，执行微操作，从而完成一条指令的执行。指令是计算机规定执行操作的类型和操作数的基本命令。指令由一个字节或者多个字节组成，其中包括操作码字段、一个或多个有关操作数地址的字段以及一些表征机器状态的状态字以及特征码。有的指令也直接包含操作数本身。

3. CPU 的发展历程

CPU 的发展经历了真空管、晶体管、集成电路（Integrated Circuit，IC）和大规模集成电路（Large Scale Integration，LSI）、超大规模集成电路（Very Large Scale Integration，VLSI）几个时代。总体来说，CPU 性能的不断提升得益于人类驾驭电子能力的不断进步。

概括起来，CPU 架构主要有 4 种：ARM、x86、MIPS、Power。

1）ARM

ARM 架构过去称作进阶精简指令集机器（Advanced RISC Machine，更早称作 Acorn RISC Machine），是一个 32 位精简指令集（RISC）处理器架构，其广泛地应用于许多嵌入式系统设计。由于节能的特点，ARM 处理器非常适用于移动通信领域，符合其主要设计目标为低耗电的特性。

2）x86

xx86 或 80x86 是英特尔公司首先开发制造的一种微处理器体系结构的泛称。x86 架构是重要的可变指令长度的复杂指令集计算机（Complex Instruction Set Computer，CISC）。

3）MIPS

MIPS 是一种采取精简指令集（RISC）的处理器架构，于 1981 年出现，由 MIPS 科技公司开发并授权，广泛使用在许多电子产品、网络设备、个人娱乐装置与商业装置上。最早的MIPS 架构是 32 位，最新的版本已经变成 64 位。不过 MIPS 目前已经不是市场主流。

4）Power

POWER 是 1991 年由苹果公司、IBM 公司、摩托罗拉公司组成的 AIM 联盟所发展出的微处理器架构。PowerPC 是整个 AIM 平台的一部分，并且是到目前为止唯一的一部分。Power 架构目前也不是市场主流，发展前景并不被看好。

Intel 公司生产的 CPU 是个人计算机应用最多的微处理器产品，采用的是 x86 架构，从最初发展到如今已经有 50 年的历史了，这期间，按照其处理信息的字长，CPU 可以分为 4 位微处理器、8 位微处理器、16 位微处理器、32 位微处理器以及 64 位微处理器等。它也代表了 CPU 的发展历程。

第 1 阶段（1971—1973 年）是 4 位和 8 位微处理器时代，其典型产品是 Intel4004 和 Intel8008 微处理器，集成度非常低，约为 4 000 个晶体管/片，系统结构和指令系统都比较简单，主要采用机器语言或简单的汇编语言。

第 2 阶段（1974—1977 年）是 8 位微处理器时代，典型的产品是 Intel8080 和 Intel8085。因为技术的提升，集成度提高了 4 倍，因此 CPU 的性能也得到了明显的提升，指令集更加完善。个人计算机开始进入民用消费市场。8 位微处理器具有典型的计算机体系结构和中断、直接存储器访问（Direct Memory Access，DMA）等控制功能。这时其他公司的相应产品有摩托罗拉公司的 M6800、Zilog 公司的 Z80 等。

第 3 阶段（1978—1984 年）是 16 位微处理器时代，其典型产品是英特尔公司的 8086/8088。CPU 的制造工艺得到了明显的提升，集成度和运算速度方面也是如此，达到 20 000～70 000 晶体管/片，比上一代几乎提升了一个数量级。IBM 公司开始推出个人计算机，6 年间个人计算机几乎火遍全球，人们逐渐认识到了计算机的便利性。摩托罗拉公司推出了 M68000、Zilog 公司推出了 Z8000 等微处理器产品。其指令系统更加丰富、完善，采用多级中断、多种寻址方式、段式存储机构、硬件乘除部件，并配置了软件系统。

第 4 阶段（1985—1992 年）是 32 位微处理器时代，英特尔公司推出了 80386 和 80486 系列芯片集成度高达 100 万晶体管/片。此时微型计算机的功能已经达到甚至超过当时超级小型计算机，完全可以胜任多任务、多用户的作业。同期，其他一些微处理器生产厂商［如超威半导体公司（AMD）、德州仪器公司（TEXAS）、摩托罗拉公司等］也推出了 80386/80486 系列芯片。

第 5 阶段（1993—2005 年）是英特尔公司和超威半导体公司双雄争霸的新时代，其典型产品是英特尔公司的奔腾系列芯片及与之兼容的超威半导体公司的 K6、K7 系列微处理器芯片。芯片内部采用超标量指令流水线结构，并具有相互独立的指令和数据高速缓存。随着 MMX（Multi Media eXtended，多媒体扩展）微处理器的出现，计算机的发展在网络化、多媒体化和智能化等方面跨上了更高的台阶。计算机的应用也进入人们生活的方方面面，社会上开始了一场学习计算机的热潮。

第 6 阶段（2005 年至今）是"酷睿"（Core）系列微处理器时代。英特尔公司的"酷睿"系列微处理器采用领先节能的新型微架构，其设计的出发点是提供卓然出众的性能和能效，提高每瓦特性能，也就是所谓的能效比。这时的超威半导体公司一直落后于英特尔公司，直到 2017 年超威半导体公司发布了"锐龙"系列 CPU 以后才有所改观。

目前，在移动芯片领域，ARM 架构的芯片占据了 90% 以上的市场份额，在个人计算机和服务器 CPU 市场上，英特尔 x86 处理器占据超过 90% 的市场份额。MIPS 和 Power 虽然已经不是主流，却也有不少厂家在使用。

中国自主 CPU 的研制起步于 2001 年，经历了 20 年的发展，在移动芯片领域和服务器 CPU 市场领域取得了不俗的战绩，国产处理器厂家主要如下：

（1）移动芯片领域有华为、展讯、小米的产品。

华为产品使用的是 ARM 的架构，从 2013 年到现在，华为"海思麒麟"处理器版本已经从 910 更新到 980，海思麒麟 980 拥有 8 核心、4 个 A77 大核心、4 个 A55 小核心，采用 7nm 制成工艺。新出产的大部分华为手机均使用该处理器。

展讯处理器也有部分采用 ARM 架构，展讯通信是中国领先的 2G、3G 和 4G 无线通信终端的核心芯片供应商之一，成立于 2001 年，于 2013 年 12 月 23 日被紫光集团收购，于 2016 年与锐迪科整合成为紫光展锐。展讯处理器芯片主要面向中低端用户，其中一款 SC9832 集成 4 核 ARM Cortex - A7 处理器，该方案已经被中国移动、酷派、360、Micromax、Condor 等众多国内外智能手机品牌采用。

2017 年 2 月，小米公布了自主芯片澎湃 S1，引起业界一片喧嚣。因为作为手机厂商，自主研发处理器芯片，当时世界上也只有苹果和华为两家。据报道，这款 SoC（System - on - a - Chip）的 CPU 部分分为 4 核 1.4 G 主频的 Cortex A53 和 4 核 2.2 G 主频的 Cortex A53，与海思麒麟 650（4 核 2.0 GHz Cortex A53 + 4 核 1.7 GHz Cortex A53）、高通骁龙 616（4 核 1.7 GHz Cortex A53 + 4 核 1.2 GHz Cortex A53）、高通骁龙 625（8 核 2.0 GHz Cortex A53）属于同一个档次。

（2）服务器芯片领域有阿里巴巴、华芯通、飞腾的产品。

2016 年 12 月，阿里巴巴与 ARM 在数据中心业务方面展开合作，阿里巴巴宣布将在自身数据中心的服务器上大量采用 ARM 设计的低功耗 CPU，逐步替换英特尔产品。阿里巴巴自主运营着支撑巨大电商业务的数据中心，同时还为中、美等国提供名为"阿里云"的云服务。伴随需求的增加，阿里巴巴将在各地增设数据中心。同时，因设备耗电量迅速增大，阿里巴巴逐步把英特尔 CPU 改为 ARM 产品，以提高用电效率。

华芯通半导体由贵州省政府与美国高通公司于 2016 年创立。2018 年 5 月 27 日，华芯通半导体正式发布其 ARM 架构服务器芯片品牌：昇龙（StarDragon）。"昇龙"处理器是华芯通半导体第一代服务器芯片产品，它是兼容 ARMv8 架构的 48 核处理器芯片，采用目前国际上先进的 10 nm 工艺，在性能上媲美国际市场中高端服务器主流芯片产品水平。

2014 年 10 月，飞腾第一款兼容 ARM 指令集的 CPU——FT - 1500A 面世，成为国产 CPU 的代表之作。随后，飞腾又在 2016 年推出了 FT - 2000（代号为"火星"），并在 2017 年推出了优化升级的 FT - 2000 + 芯片，后者是飞腾当时最顶尖，也是性价比最高的芯片产品。

（3）MIPS 处理器方面有龙芯、北京君正的产品。

龙芯是中国科学院计算所主导研发的通用 CPU，主要产品有龙芯 1 号、龙芯 2 号和龙芯 3 号。龙芯 1 号的频率为 266 MHz，最早在 2002 年开始使用。龙芯 2 号的频率最高为 1 GHz。龙芯 3A 是首款国产商用 4 核处理器，其工作频率为 900 MHz ~ 1 GHz。龙芯 3A 的峰值计算能力达到 16G FLOPS。龙芯 3B 是首款国产商用 8 核处理器，主频达到 1 GHz，支持向量运算加速，峰值计算能力达到 128G FLOPS，具有很高的性能功耗比。其中，龙芯 1 号处理器已经用于北斗卫星，作为主控芯片。龙芯 2 号芯片已经在石油、轨道交通、电力等领域有了应用，性能与国外芯片相当。龙芯 3A 处理器采用的是 RISC 架构，兼容 MIPS 指令，采用 65 nm工艺，主频为 1 GHz，晶体管数目为 4.25 亿个，单颗龙芯 3 A 的最大功耗为 15 W，一台"刀片"服务器的功耗也仅为 110 W（两颗龙芯 3 A 处理器，16 GB 内存，1 块 250 GB 硬盘，两块 1 000 Mbit/s 网卡等），理论峰值为 16 G FLOPS，每颗 CPU 单瓦特能效比为 1.06 G FLOPS/W，是目前 x86 CPU 的 2 倍以上，达到了世界先进水平。

北京君正成立于 2005 年，致力于在中国研制自主创新 CPU 技术和产品，目前已发展成为一家国内外领先的嵌入式 CPU 芯片及解决方案提供商。有人认为，北京君正在人工智能 CPU 上很出色。北京君正基于 MIPS 架构的芯片，在同等工艺上，功耗比 ARM 有优势。

（4）x86 处理器方面有上海兆芯和海光的产品。

上海兆芯的 x86 处理器在 VIA x86 处理器上改进而来，最新的 KX－5000 达到了 8 核架构，性能与英特尔的 Core i3－6100 处理器接近，进步非常明显。

2018 年 7 月，由海光（Hygon）负责制造的中国国产 Dhyana（禅定）x86 处理器启动生产，这预示着国产处理器芯片又进一步。

总之，国产 CPU 的发展一直是业界人士关注的重点，无论在移动领域还是在服务器领域，其都经历了从无到有，从低到高，逐渐发展的过程，未来可期。

4. CPU 的主要技术参数

1）字长

字长是指 CPU 一次能够处理的二进制位数。CPU 的字长主要根据运算器和寄存器的位数确定。比如，一个 CPU 有 32 位的寄存器，并且一次处理 32 个二进制位，那么就说这个 CPU 的字长为 32 位，并且把这个 CPU 称为"32 位 CPU"。字长的大小直接反映计算机的数据处理能力，字长值越大，CPU 一次可处理的数据的二进制位数越多，其运算能力就越强。目前流行的 CPU 大多是 32 位或 64 位的。

2）主频

CPU 的主频是指 CPU 的时钟频率，它是决定执行指令速度的计时器，通常用兆赫兹（MHz）和千兆赫兹（GHz）来度量。1 MHz 相当于 1 s 内有 100 万个时钟周期，1 GHz 相当于 1 s 内有 10 亿个时钟周期。

时钟周期是 CPU 最小的时间单位，CPU 执行每个任务的速度都以时钟周期来度量。应该注意，时钟频率并不等于处理器在 1 s 内执行的指令数目。在很多计算机中，一些指令就只用一个时钟周期，也有一些指令需要多个时钟周期才能执行完。有些 CPU 甚至可在单一的时钟周期内执行几个指令。例如，3.6 GHz 的意思是 CPU 时钟在 1 s 内运行 3.6 亿个时钟周期。在其他因素相同的情况下，使用 3.6 GHz 处理器的计算机比使用 1.5 GHz 或 933 MHz 处理器的计算机快得多。

3）高速缓存（cache）

高速缓存又称为高速缓冲存储器，是一个专用的高速存储器，主要用于暂时存储 CPU 运算时的部分指令和数据，CPU 访问它的速度比访问内存的速度快得多。在计算机的工作过程中，CPU 的运行速度远远高于内存的存取速度，高速缓存的主要作用是解决 CPU 与内存的速度不匹配问题。

4）指令集

CPU 依靠指令来计算和控制系统，每款 CPU 在设计时就规定了一系列与其硬件电路配合的指令系统。指令的强弱也是 CPU 的重要指标，指令集是提高微处理器效率的最有效的工具之一。

CPU 扩展指令集增强了 CPU 的多媒体、图形图像和 Internet 等的处理能力。这些扩展指令可以提高 CPU 处理多媒体和三维图形的能力。MMX 指令集包含 57 条命令；SSE（Internet Streaming SIMD Extensions，因特网数据流单指令序列扩展）除保持原有的 MMX 指令外，又新增了 70 条指令，在加快浮点运算的同时，提高了内存的使用效率，使内存速度更快。它对游戏性能的改善十分显著，按英特尔公司的说法，SSE 对下述几个领域的影响特别明显：三维几何运算及动画处理、图形处理（如 Photoshop）、视频编辑/压缩/解压（如 MPEG 和 DVD）、语音识别以及声音压缩和合成等。SSE 后续又发展出 SSE2、SSE3、SSE4、SSE5、AVX、AES – NI 等版本，功能越来越强大，理论上这些指令将对目前流行的图像处理、浮点运算、三维运算、视频处理、音频处理等诸多多媒体应用，以及直接支持目前主流的 AES – 128、AES – 196、AES – 256 等加密、解密操作起到全面强化的作用。

5. 制造工艺

通常人们所说的 CPU 的"制作工艺"指的是在生产 CPU 的过程中，加工各种电路和电子元件、制造导线连接各个元器件的生产工艺。现在，CPU 的生产精度一般以 nm（1 nm = 10^{-6} mm）表示，精度越高，生产工艺越先进，在同样的材料中可以制造更多的电子元件，连接线也越细。提高 CPU 的集成度，CPU 的功耗也将降低。

密度越大的集成电路设计，意味着在同样大小面积的集成电路中，可以拥有密度更大、功能更复杂的电路设计。主流的有 180 nm、130 nm、90 nm、65 nm、45 nm、22 nm、14 nm、7 nm 的集成电路制造技术。目前主流的 CPU 生产精度已经达到了 7 ~ 14 nm。华为的 5G 智能手机搭载海思麒麟 990 处理器使用的台积电二代的 7 nm 工艺制造，高通 855、三代锐龙已全面采用 7 nm 工艺，英特尔第 9 代全面采用 14 nm 工艺，一些在研发产品的制造工艺甚至已经达到了 4 nm 或更高的精度。一般 10 nm 工艺技术可达到了每平方毫米 1 亿个晶体管的集成度。

6. 指令处理技术

流水线是英特尔公司首次在 486 芯片中开始使用的。流水线的工作方式就像工业生产中的装配流水线。在 CPU 中由 5 ~ 6 个功能不同的电路单元组成一条指令处理流水线，然后将一条 x86 指令分成 5 ~ 6 步后再由这些电路单元分别执行，这样就能实现在一个 CPU 时钟周期完成一条指令，由此提高 CPU 的运算速度。经典奔腾 CPU 的每条整数流水线都分为 4 级流水，即指令预取、译码、执行、写回结果，浮点流水线又分为 8 级流水。超标量是通过内置多条流水线来同时执行多个处理器任务，其实质是以空间换取时间。而超流水线是通过细化流水、提高主频，使 CPU 在一个时钟周期内完成一个甚至多个操作，其实质是以时间换取空间。例如奔腾 4 的流水线就长达 20 级。将流水线的级（步）设计得越长，其完成一条指令的速度就越快，由此才能适应工作主频更高的 CPU。但是流水线过长也会带来一定的副作用，很可能会出现主频较高的 CPU 实际运算速度较低的现象。

CPU 封装是采用特定的材料将 CPU 芯片或 CPU 模块固化在其中以防损坏的保护措施，一般必须在封装后 CPU 才能交付用户使用。CPU 的封装方式取决于 CPU 的安装形式和器件集成设计方式。从大的分类来看，采用 Socket 插座进行安装的 CPU 通常使用栅格阵列（PGA）方式封装。

7. 多核心

多核心，也指单芯片多处理器（Chip Multi Processors，CMP）。CMP 是由美国斯坦福大学提出的，其思想是将大规模并行处理器中的对称多处理器（SMP）集成到同一芯片内，各个处理器并行执行不同的进程。这种依靠多个 CPU 同时并行地运行程序是实现超高速计算的一个重要方向，称为并行处理。与 CMP 比较，SMP 结构的灵活性比较高。但是，当半导体工艺进入 0.18 nm 以后，线延时已经超过了门延迟，这要求微处理器的设计通过划分许多规模更小、局部性更好的基本单元结构来进行。相比之下，CMP 由于已经被划分成多个处理器核来设计，每个核都比较简单，有利于优化设计，因此更有发展前途。IBM 公司的 Power 4 芯片和 Sun 公司的 MAJC5200 芯片都采用了 CMP 结构。多核处理器可以在处理器内部共享缓存，提高缓存利用率，同时简化多处理器系统设计的复杂度。但这并不说明核心越多，性能越高，比如 16 核的 CPU 就没有 8 核的 CPU 运算速度快，这是因为核心太多，反而不能合理进行分配，导致运算速度减慢。在 2005 年下半年，英特尔公司和超威半导体公司的新型处理器也融入了 CMP 结构。新安腾处理器开发代码为 Montecito，采用双核心设计，拥有最少 18 MB 内缓存，采取 90 nm 工艺制造。它的每个单独的核心都拥有独立的 L1、L2 和 L3 高速缓存，包含大约 10 亿支晶体管。

3.2.4 内存与硬盘

1. 内存

内存（memory）是计算机中重要的部件之一，它是与 CPU 关系最密切的部件。计算机中所有程序的运行都是在内存中进行的，因此内存的性能对计算机的影响非常大。内存也被称为内存储器，其作用是暂时存放 CPU 中的运算程序和数据，以及与硬盘等外部存储器交换的数据。只要计算机在运行中，CPU 就会把需要运算的数据调到内存中进行运算，当运算完成后 CPU 再将结果传送出来，内存的运行速度也决定了计算机的运行速度。内存是由内存芯片、电路板等部分组成的。

（1）同步动态随机存储器（Synchronous Dynamic Random Access Memory，SDRAM）。"同步"是指内存工作需要同步时钟，内部命令的发送与数据的传输都以它为基准；"动态"是指存储阵列需要不断地刷新来保证数据不丢失；"随机"是指数据不是线性依次存储，而是自由指定地址进行数据读/写。

（2）双倍速率同步动态随机存储器（Double Data Rate，DDR）。SDRAM 在一个时钟周期内只传输一次数据，它是在时钟的上升期进行数据传输；而 DDR 则在一个时钟周期内传输两次数据，它能够在时钟的上升期和下降期各传输一次数据，因此称为双倍速率同步动态随机存储器。DDR 可以在与 SDRAM 相同的总线频率下达到更高的数据传输率。DDR4 内存条如图 3 – 9 所示。

图 3 – 9　DDR4 内存条

DDR2 拥有两倍于上一代 DDR 的预读取能力。换句话说，DDR2 在每个时钟周期能够以 4 倍外部总线的速度读/写数据，并且能够以 4 倍内部控制总线的速度运行。

DDR3 采用 8 bit 预读取设计，而 DDR2 采用 4 bit 预读取设计，这样 DRAM 内核的频率只有等效数据频率的 1/8，DDR3 – 800 的核心工作频率（内核频率）只有 100MHz。

DDR4 则有 DDR3 的两倍速度。

2. 硬盘

硬盘（Hard Disk Drive，HDD）是计算机的主要存储介质，其特点是容量大、断电不丢失信息。市场上主要有两种类型的硬盘，一是固态硬盘（SSD），如图 3 – 10（a）所示，它由一组集成电路储存模块组成，其主要特点是容量小、成本高、速度快、价格高、安全性高。二是机械硬盘（HDD），即传统硬盘，如图 3 – 10（b）所示，它由一个或者多个铝制或者玻璃制的碟片组成。碟片外覆盖有铁磁性材料，其主要特点是速度慢、易损坏，但容量大、价格低。不管是固态硬盘还是机械硬盘，一般都被永久性地密封固定在硬盘驱动器中，以便于装配和携带。

（a）　　　　　　　　　　　　　　　（b）

图 3 – 10　硬盘的内部结构
（a）固态硬盘；（b）机械硬盘

对传统的机械硬盘而言，转速（rotational speed 或 spindle speed）是一个重要指标，它是硬盘内电机主轴的旋转速度，也就是硬盘盘片在 1 分钟内所能完成的最大转数。转速越快，寻找文件的速度也就越快，传输速度也就得到了提高。转速以每分钟的转数来表示，单位为转/min（revolutions per minute，rpm）。rpm 值越大，内部传输率就越快，访问时间就越短，硬盘的整体性能也就越好。

机械硬盘一般分为主引导扇区（MBR）、操作系统引导扇区（OBR）、文件分配表（FAT）、目录区（DIR）和数据区（Data）5 个部分。主引导记录位于硬盘的 0 柱面 0 磁头 1 扇区，BIOS 自检后就会跳转到 MBR 的第一条指令，在 512 字节的主引导记录中，前 446 字节为 MBR 引导程序，随后的 64 字节为硬盘分区表（DPT），最后两个字节是分区有效结束标志。主引导记录检查分区表，并在结束时将引导分区引入内存中。OBR 位于 0 面 1 道 1 扇区，由高级格式化产生，包括一个引导程序和本分区参数记录表。FAT 是系统的文件寻址系统，DIR 记录每个文件的起始单元、文件属性等。

3.2.5 显卡与显示器

显示器（monitor）要显示信息还要通过显卡，将要显示的信息进行信号转换，才能以人们能够识别的方式呈现在显示屏幕上。因此，需要显卡和显示器的有效配合才能完成信息显示任务。

1. 显卡的工作原理

显卡是提高图像显示质量的专门线路板。有独立显卡和集成在主板的显卡两种类型，一般普通用途的计算机用集成显卡就可以了，对显示有特殊要求的应用，如游戏、动画设计等，可配置相应的独立显卡，来提高图像的处理速度和质量。

图 3-11 所示为七彩虹 iGame760 烈焰战神 U-2GD5 独立显卡，它采用 NVIDIA GeForce GTX 760 显卡芯片。

图 3-11 七彩虹 iGame760 烈焰战神 U-2GD5 显示卡

（1）从总线（bus）进入图形处理器（Graphics Processing Unit, GPU）：将 CPU 送来的数据送到北桥芯片（主桥），再送到图形处理器进行处理。

（2）从显卡芯片组（Video Chipset）进入显存（Video RAM）：将芯片处理完的数据送到显存。

（3）从显存进入数-模转换器（相当于随机读/写存储数-模转换器，即 RAM DAC）：从显存读取数据，再送到 RAM DAC 进行数据转换的工作（数字信号转为模拟信号）。但是如果是 DVI 接口类型的显卡，则不需要将数字信号转为模拟信号，而直接输出数字信号。

（4）从 DAC 进入显示器：将转换完的模拟信号送到显示器。

2. 显示器

显示器一般分为阴极射线显像管（CRT）显示器、液晶显示器（LCD）、发光二极管

（LED）显示器 3 种类型，如图 3 - 12 所示。

（a）　　　　　　　　（b）　　　　　　　　（c）

图 3 - 12　显示器

（a）阴极射线显像管显示器；（b）液晶显示器；（c）发光二极管显示器

（1）阴极射线显像管显示器：体积大、笨重。

（2）液晶显示器：功耗大、厚度大。

（3）发光二极管显示器：轻薄、清晰、省电、寿命长。

现在市场上常见的是发光二极管显示器和薄膜晶体管液晶显示器（LCD TFT），其他类型逐渐退出了历史舞台。就发光二极管显示器而言，中国的设计和生产技术水平基本与国际同步。发光二极管显示器是由发光二极管排列组成的。它采用低电压扫描驱动，具有耗电少、使用寿命长、成本低、亮度高、故障少、视角大、可视距离远等特点。

3.2.6　其他设备

1. 电源

计算机电源把 220 V 交流电输入，经电磁滤波后变为较纯净的 50 Hz 交流电，经整流和滤波后输出 300 V 的直流电压，再经调频变压器降压及整流滤波即可转换成 + 12 V、+ 5 V 的直流稳定电压，供计算机配件如主板、驱动器、显卡等使用。

2. 声卡

声卡是多媒体技术中最基本的组成部分，是实现声波/数字信号相互转换的一种硬件。声卡的基本功能是把来自话筒、磁带、光盘的原始声音信号加以转换，输出到耳机、扬声器、扩音机、录音机等声响设备，或通过音乐设备数字接口（MIDI）使乐器发出美妙的声音。声卡目前大都集成在主板上。

3. 网卡

网卡又叫网络适配器，是局域网中连接计算机和传输介质的接口，每个网卡都有一个唯一的网络节点地址，可以实现数据的缓存、编码与译码、封装与解封。网卡目前大都集成在主板上。

4. 打印机

打印机有针式打印机、喷墨打印机、激光打印机、彩色打印机、三维打印机等类型。针式打印机的打印头是由排成一列、由电磁铁驱动的打印针构成的。打印针运动撞击色带，在纸上打印出一列点。打印头可沿横向移动打印出点阵，这些点的不同组合就构成各种字符或图形。

喷墨打印机是带电的喷墨雾点经过电极偏转后，直接在纸上形成所需的字符或图像。

激光打印机的激光源发出的激光束经由字符点阵信息控制的声光偏转器调制后，进入光学系统，通过多面棱镜对旋转的感光鼓进行横向扫描，于是在感光鼓上的光导薄膜层上形成字符或图像的静电潜像，再经过显影、转印和定影，在纸上得到所需的字符或图像。

针式打印机、喷墨打印机和激光打印机都有黑白和彩色之分，目前常用的是彩色喷墨打印机和黑白激光打印机。

三维打印机是一种基于累积制造技术，即快速成形技术的一种机器。它是一种以数字模型文件为基础，运用特殊蜡材、粉末状金属、塑料、水泥等可黏合材料，通过打印一层层的黏合材料来制造三维物体的打印设备。

3.2.7 计算机配件的选购与组装

1. 计算机配件的选购

（1）选购计算机配件的基本原则：按需配置，明确计算机的使用范围，衡量整机预算及其运行速度。

（2）选购计算机配件的注意事项：大配件尽量选名牌，一般配件要选择容易换修和升级的产品。

2. 计算机的组装

（1）组装计算机的注意事项：释放人体所带静电；进行断电操作；阅读说明书；在进行新的配件安装前，对前一安装配件进行检查；正确安装，防止液体进入计算机内部。

（2）组装计算机的顺序：主机箱→电源→主板→CPU→内存条→主板连线→硬盘→光驱→板卡→输入设备→输出设备→检查→加电。具体安装过程如下（注意：一般组件都有特定的卡槽，难以安装时，要及时检查安装的位置、方向是否有问题，以免损坏配件和槽口）：

①取来主机箱，切勿连接外部电源；

②把电源模块固定到主机箱中（主机箱自带电源模块时这一步省略）；

③把主板按指定位置固定到主机箱中，注意方向的正确性；

④在主板上，按照指定的方向把CPU插到对应的插座中，并固定牢固；

⑤在主板上，把内存条按照插槽指定的方向插入其中，并保证固定牢固；

⑥把主板连线，特别是电源线接到相应位置；

⑦在主板上，安装硬盘，并连接信号线和电源线，光驱的连接方法同硬盘；

⑧如果有其他板卡，如声卡、网卡等，将其插入主板上的扩展槽中；

⑨将输入设备（如键盘、鼠标）、输出设备（如显示器、打印机）插到相应的专用接口上，注意可连上电源线，切记先不要通电；

⑩检查前面组装的配件是否牢固，连线是否可靠，如有问题及时处理；

⑪按照先外部设备、最后主机的顺序依次通电，检验各配件是否连接正常。

3.3　操作系统的安装

1. 安装前的准备工作

1) 系统 BIOS 和 CMOS 参数设置

BIOS 是被固化到计算机主板 ROM 芯片中的一组程序，为计算机提供最低级、最直接的硬件控制；CMOS 是"互补金属氧化物半导体"的英文缩写，是主板上的一块可读/写 RAM 芯片，存储了电脑系统的实时时钟信息和硬件配置信息等。系统加电引导时，需要读取 CMOS 信息，用来初始化机器各个部件的状态。CMOS 是存放系统参数的地方，而 BIOS 中的系统设置程序是完成参数设置的手段，即通过 BIOS 程序对 CMOS 参数进行设置。

BIOS 的功能主要有：POST 加电自检，检查计算机状态是否良好，一旦发现问题将通过鸣笛警告；初始化，包括创建中断向量、对外设进行初始化和检测；引导操作系统。在安装操作系统前，应根据说明书进行相应的 BIOS 设置，如通过光盘安装操作系统时，要设置系统从光盘启动。

2) 硬盘分区

硬盘分区从实质上说就是对硬盘的一种格式化。当创建分区时，就已经设置好了硬盘的各项物理参数，指定了硬盘主引导记录和引导记录备份的存放位置。而文件系统以及其他操作系统管理硬盘所需要的信息则是通过之后的高级格式化，即 Format 命令来实现的。安装操作系统和软件之前，首先需要对硬盘进行分区和格式化，然后才能使用硬盘保存各种信息。在用光盘安装操作系统时，安装光盘自带分区工具，根据安装光盘的提示信息，结合实际情况进行硬盘分区即可。

2. 操作系统的安装

操作系统（Operating System，OS）是管理计算机硬件与软件资源的计算机程序，同时也是计算机系统的内核与基石。现以微软公司的 Windows 8 为例简要介绍操作系统的安装过程。在设置系统从光盘启动后，把 Windows 8 安装光盘放入光驱，启动计算机后，显示安装启动界面，如图 3 - 13 所示。

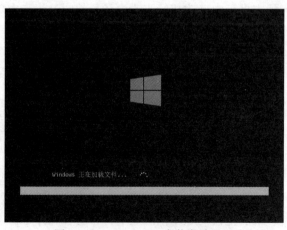

图 3 - 13　Windows 8 安装启动界面

加载完成后进行安装语言、时间和货币格式、硬盘与输入法的设置，如图3-14所示。

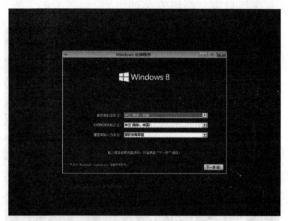

图3-14 Windows 8 安装设置界面

之后按照界面提示操作即可。安装时应注意几个关键步骤。

输入正版操作系统所带的产品密钥（密钥在软件的随机资料中），如图3-15所示。

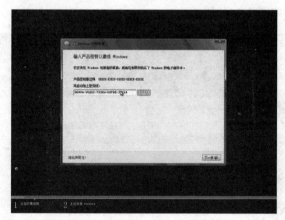

图3-15 Windows 8 输入产品密钥界面

接受 Windows 8 许可条款，如图3-16所示。

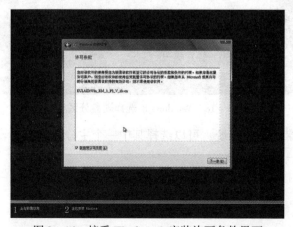

图3-16 接受 Windows 8 安装许可条款界面

选择安装类型（如果是升级计算机中的 Windows 版本，选择升级安装；若计算机中从未安装过 Windows 系统，选择自定义高级安装即可），如图 3 – 17 所示。

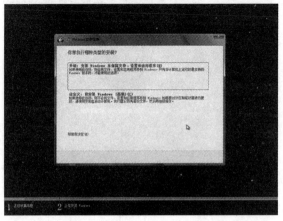

图 3 – 17　Windows 8 选择安装类型界面

对于新硬盘，可以单击"新建"按钮，建立新的分区（建立硬盘分区的过程根据系统提示进行操作即可），如图 3 – 18 所示。

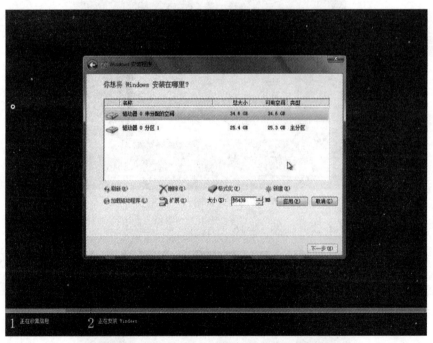

图 3 – 18　Windows 8 选择硬盘分区界面

如果硬盘以前安装过操作系统，可以选择其中一个主分区进行安装，一般会把操作系统安装在 C 盘，如图 3 – 19 所示。

单击"下一步"按钮后，开始自动安装 Windows 8 操作系统，这一步的执行时间相对较长，如图 3 – 20 所示。

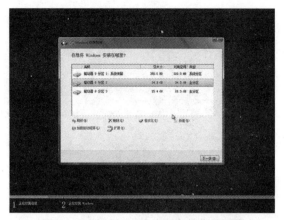

图 3 – 19　Windows 8 确定安装分区界面

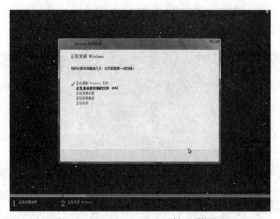

图 3 – 20　Windows 8 开始安装界面

安装过程中计算机会重启 3 次。安装完成后，会进入系统设置阶段，包括输入计算机名称、设置联网方式等，也可以选择"快速设置"选项，如图 3 – 21 所示。

图 3 – 21　Windows 8 设置界面

在设置账户时可以使用 Microsoft 账户，也可以使用本地账户，如图 3 – 22 所示。

图 3 – 22　Windows 8 设置用户账户界面

　　设置完成后，系统会自动进行最后的设置，几分钟后，设置完成。操作系统安装后直接进入"开始"菜单，如图 3 – 23 所示。

图 3 – 23　Windows 8 操作系统启动后界面

3. 驱动程序和常用软件的安装

　　安装完操作系统后，需要依次安装主板驱动、板卡驱动、外设驱动、杀毒软件、应用软件（比如 Microsoft Office 软件）等。

　　最后是检查调试过程。检查内容有：CMOS 设置是否与配置表一致；各指示灯、喇叭是否正常；CPU 频率、内存、硬盘容量是否和出厂卡一致；能否正常引导系统，桌面显示是否正常，分区是否正确；显示属性是否正确；对于设备管理器，各设备是否工作正确；光驱、声卡是否正确；安装的软件是否正常；关机、重启是否正常。

3.4　操作系统的演进

　　总体上看，大型机与嵌入式系统使用了多样化的操作系统，其中 Linux 显示出了相对较强的优势。而在个人计算机以及智能终端方面，操作系统市场基本被微软（Windows）、苹果（Apple）、谷歌（Android）三家所主导的操作系统所垄断。可穿戴设备领域还处于群雄角逐的阶段，当然越早入局的"玩家"未来越可能在这一潜力巨大的市场占得先机。

全球计算设备所使用的操作系统实际上反映了各国的核心 IT 实力。IT 计算设备的发展为操作系统的研发和演进提供了基础；反过来，操作系统的发展又对 IT 与产业的发展具有重要的支撑和助推作用。总体上看，操作系统的发展可分为 4 个阶段：大/小型机阶段、PC 阶段、智能移动阶段和智能可穿戴阶段。

比如在 PC 阶段，微软的 Windows 操作系统在 2013 年之前始终占据桌面操作系统市场 90% 以上的份额，因此市场集中度非常高，而在可穿戴设备阶段，各厂商的操作系统都没有在市场中具有压倒性优势，因此市场集中度低。

智能移动终端以及可穿戴设备的出现，标志着操作系统的发展进入大互联网时代。在大互联网时代，既有以 PC 为代表的桌面互联网，又有以移动终端为代表的移动互联网，而智能可穿戴移动终端的出现，促使操作系统的发展更加多样化，为全球厂商提供了更广阔的市场。大互联网时代具有社会化、即时化的鲜明特征，屏幕和操作系统的发展都呈现多元化趋势。

（1）20 世纪 80 年代之前：大型机时代，UNIX 占主流。

①大型机操作系统。

操作系统最早在大型机上诞生，后来随着技术进步与产业革新，小型机、超级计算机陆续涌现，它们都要求操作系统有极高的稳定性、安全性和可靠性。

20 世纪 40 年代前后，第一台计算机并没有操作系统。后来计算机数量不断增多，各家厂商为每一台不同型号的计算机创造不同的操作系统，导致为某计算机而写的程序无法移植到其他计算机上运行，即使同型号的计算机也不行。

20 世纪 60 年代，IBM 公司研发的 OS/360 操作系统是大型机里最为典型的操作系统。"大型机"一词，最初是指装在非常大的带框铁盒子里的大型计算机系统，以用来同小一些的迷你机和微型机区别，但大多数场合它是指以 system/360 为代表和开始的一系列 IBM 计算机。它们都使用 OS/360 操作系统，其良好的系统兼容性促使 system/360 取得很大成功。

目前 IBM 公司最典型的大型机操作系统是搭配其 Z 系列服务器的专用文字界面操作系统 Z/OS。此外，其他厂商，如 Unisys 的大型机也使用自己研发的操作系统，而 Sun 公司和惠普公司的高端服务器使用类 UNIX 系统。

②小型机操作系统。

1970 年前后，小型机也是企业、机构使用较多的计算设备。小型机操作系统一般使用 UNIX 和 Linux。1969 年，贝尔实验室在 Multics 系统的基础上开发出 UNIX 系统，而且为了提高平台移植能力和系统通用性，此操作系统在 1973 年由 C 语言重写。另一个使用较广的小型机操作系统是 VMS。

中国市场上的小型机就是指 UNIX 服务器，各厂商的 UNIX 服务器使用自家的 UNIX 版本。比如 IBM 公司采用 AIX 操作系统，Sun 公司、富士通公司采用 Solaris 操作系统，惠普采用 HP – UX 操作系统。UNIX 操作系统以其安全性、可靠性和专用服务器的高速运算能力获得大批小型机用户的青睐。

③超级计算机操作系统。

大型机、小型机等发展到现代，出现了性能更高的超级计算机。当前在大型计算领域，绝大部分超级计算机采用 Linux 操作系统。

根据从 Top500 网站了解的数据，对比 2009 年 11 月和 2013 年 11 月的超级计算机数据，使用 Linux 操作系统的计算机的比例从 89.20% 增加到 96.4%，其他操作系统中，UNIX、Mixed、Windows 的占比都有所下降。

在超级计算机领域，Linux 几乎占据整个市场。自身稳定性、开放性，以及全球开源社区对 Linux 的贡献与反馈构成了 Linux 的强大优势。

（2）20 世纪 80 年代：PC 时代，Windows 垄断桌面。

PC 阶段的桌面操作系统几乎被微软公司垄断；紧随其后实行软硬一体化发展路线的苹果公司仅得到很小的份额；其他操作系统，如开源的 Linux 的市场份额基本可以忽略。

2007—2013 年，全球桌面操作系统市场完全被微软公司和苹果公司所主导。Windows 的市场份额一直处于 90% 以上，但处于缓慢衰退的状态；Mac 的占比在逐渐增大，目前仍处于 10% 以内；其他操作系统的市场份额始终在 2% 以内。

20 世纪 80 年代，PC 开始盛行。这时虽然 PC 雏形初现，但其使用的操作系统却百花齐放。其中最有影响力的是 IBM PC 产品搭载的微软 MS - DOS 和 IBM 自家的 PC - DOS 系统。1984 年苹果公司推出 Mac OS，并且与麦金塔什计算机捆绑销售。

虽然受到苹果公司的挑战，但微软 MS - DOS 及其后续开发的 Windows 3.1、Windows 95 通过广泛授权，迅速占领了 PC 市场的有利位置，成为 PC 操作系统的主流产品。

就在商业化操作系统风生水起的时候，1983 年，理查德·马修·斯托曼创立了 GNU（"GNU is Not Unix" 的缩写）计划。1985 年，他又发起自由软件基金会。从此，自由开放、凝聚全球技术社区开发人员智慧的开源软件计划起步，大量高水平的开源软件不断诞生，1991 年开源操作系统 Linux 的出现更是开源软件发展的具有历史意义的里程碑。

然而在很长的时期内，技术精良、安全可靠度极高的 Linux 操作系统仅在科技专业人员那里受到好评，在消费者市场中却使喜欢视觉界面绚丽多彩、操作简单方便、能容忍一定瑕疵的普通用户敬而远之。

1998 年，微软公司推出 Windows 98，在 2000 年又发布 Windows NT，在 2001 年发布 Windows XP，逐步巩固了个人操作系统的全球霸主地位，市场份额超过 95%。1997 年乔布斯复出，苹果公司此后推出运行 Mac OS X 的全新 Mac 电脑，取代了早期的 Mac OS。然而苹果公司坚持软硬件一体化，直到 2007 年之前市场份额始终被牢牢压制在 4% 以内。虽然基于开源系统内核的 Linux 也发行了若干世界范围内受到好评的版本，如 Red Hat、Debian、Ubuntu、Fedora、CentOS、openSUSE，但这也撼动不了 Windows 连续多年 90% 以上的市场占有率。

2014 年 3 月，根据 Net Market Share 和 Stat Counter 的数据，微软公司在当年 3 月份在台式机操作系统市场的份额为 89.96% 和 89.22%。两家机构的数据说明，微软公司在桌面操作系统市场的垄断地位在一定程度上被动摇。

（3）2007 年：移动智能终端时代，谷歌公司的 Android 和苹果公司的 iOS 逐渐主导市场。

2007 年，搭载 iOS 操作系统的苹果智能手机的出现标志着移动智能终端时代的到来。2007 年 6 月 29 日，苹果公司生产的 iPhone 智能手机在美国上市。同样在 2007 年，此前收购创业公司安卓的谷歌公司正式宣布研发基于 Linux 平台的开源手机操作系统，谷歌公司通过与软、硬件开发商，设备制造商，电信运营商等其他有关各方结成深层次的合作伙伴关系，在移动产业内形成一个开放式的生态系统。

智能移动终端的出现是人类进入大互联网时代的首个标志，此时代表性的操作系统，总的来看由美国的两大巨头所掌控—谷歌（Android）＋苹果（Apple OS），即"双A"。其他智能终端操作系统如 Windows、RIM、塞班（Symbian）等的市场份额较小。

谷歌公司与苹果公司两家占了移动智能终端90%以上的份额，跟随其后的微软WP、RIM 等操作系统争抢剩余的10%市场，其他如塞班等甚至面临退市。

同时，一些新兴的操作系统也相继涌现，比如于2012年公布、于2014年巴塞罗那世界通信大会推出终端产品的火狐OS（Firefox OS），以及韩国三星公司与英特尔公司等合作推出的基于 Linux 的 Tizen 系统。

从操作系统内核的角度看，以 Linux 为内核的操作系统如 Firefox OS、Tizen 也有一定市场，但力量分散，各个国家的使用状况也不相同。尤其是在拥有5亿移动网民的中国，国内尚没有任何一个基于 Linux 独立发行版本的商业品牌，这导致我国的用户几乎全部使用美国厂商主导内核发展的操作系统。

移动操作系统的"双A"格局对包括桌面在内的全部计算设备操作系统格局带来重大冲击。根据调查机构的数据，Windows 在全部计算设备的市场份额在逐年收缩，而 Android 和 iOS 明显还在持续扩张之中。

移动互联网不仅给 Windows 带来了冲击，而且让芯片制造厂商进入洗牌阶段。使用 ARM 架构的高通芯片在移动互联网领域取代了 x86 架构的英特尔芯片的领头羊地位。在个人计算领域，Wintel 组成的平台联盟从20世纪80年代之后一直处于领先地位，直到移动互联网时代苹果公司的 iOS 与谷歌公司的 Andirod 出现，Wintel 的市场份额面临崩溃的威胁。

（4）2013年：可穿戴设备时代，各操作系统厂商积极备战。

2013年智能可穿戴设备的兴起，使操作系统的发展进入可穿戴设备时代。虽然各大IT互联网巨头纷纷布局，但是没有任何一家的操作系统能够取得霸主地位。

事实上，谷歌智能眼镜、苹果智能手表等概念几年前就被提出。除了谷歌公司、苹果公司外，众多IT互联网巨头积极布局。从操作系统的角度来看，没有哪一家厂商的操作系统能够占领市场优势地位，目前各厂商的操作系统都存在很好的机会。而从国家发展自主可控、自主创新的操作系统的角度看，包括中国在内的各个国家均有机会。

2013年年初，Pebble 公司发布了基于自家操作系统的 Pebble 智能手表，谷歌公司在同年4月发售首个开发者版眼镜。2014年3月，谷歌公司在苹果公司前面抢先推出 Andirod 操作系统可穿戴版本——Android Wear，并展示了搭载该系统的概念手表。

目前在可穿戴设备领域走得比较快的有美国的谷歌公司、苹果公司、微软公司与 Pebble 公司，韩国的三星公司，日本的索尼公司等。与此同时，三星公司也推出了搭载自家 Tizen 操作系统的智能手表。

2013年，中国的可穿戴设备市场同样风生水起。2013年10月，奇虎360公司发布"360儿童卫士"智能手环，正式进入可穿戴设备市场。此外，联想、中兴、百度等国内厂商也在紧锣密鼓地进行可穿戴设备的相关研发。

目前几乎所有智能可穿戴设备操作系统都在试图占领市场，包括谷歌公司的 Andirod、苹果公司的 iOS、基于 Linux 的 Tizen 以及其他独特的操作系统。除了上面提到的诸多厂商，未来会有越来越多的IT互联网厂商使用既有的操作系统或独特的操作系统加入可穿戴设备时代的竞争大潮中。

（5）2014年全球操作系统发展动态。

2014年，在移动终端操作系统领域发生了两个变化。

一是谷歌公司宣布为了维护Andriod系统平台的质量，开始收紧该系统授权政策，同时推迟了Andriod代码的公开时间，增强对Andriod的控制力。其一方面设立了谷歌移动服务（GMS）认证窗口开启和关闭的时间，另一方面要求厂商在设备开机界面中添加"Powered by Android"标识。厂商只有在添加Android标志后才能取得GMS的使用权。

二是在当年4月3日，微软公司表示，将为手机和平板电脑等屏幕小于9英寸的移动设备免费提供Windows操作系统。相比苹果公司在2013年10月宣布Mac OS X免费，微软公司的步伐晚了半年。

谷歌公司的开源收紧政策和微软公司的部分免费政策表明，操作系统之争仍在继续，操作系统的未来格局仍然不确定。但有一点需要注意，真正掌握操作系统的3家企业都是美国企业，这一全球格局在短期内很难改变。

2015年1月22日，微软公司举行了Windows10发布会。微软公司提出了"平台统一"的概念以及通用应用程序，Office、Outlook和其他应用程序都展示了它们的跨平台特性，数字助理柯塔娜（Cortana）几乎无处不在。其中最大的惊喜是微软公司进军虚拟现实，其实这与目前的虚拟现实概念不同，微软公司展示的是全息技术。利用其HoloLens眼镜，微软公司雄心勃勃地力图打造一个全新的虚拟与现实叠加的系统。

（6）部分国家在借鉴Linux的基础上研发自主操作系统。

操作系统对计算安全的影响重大，在国际社会日益重视信息经济发展的背景下，各国都开始重视研发掌握更多话语权的自主操作系统。研究自主操作系统不一定从头开始，现有的Linux系统成为很多国家研发自主操作系统的基础。俄罗斯、朝鲜、印度、古巴、日本、韩国等都在研发或计划推出自主性更强的操作系统。中国也曾推出基于Linux内核的发行版本。

2010年10月，俄罗斯政府计划自主研发一套计算机操作系统，并且这一计划将由俄罗斯副总理牵头落实。此外，在俄罗斯已经有一款在Linux的基础上发展的操作系统—ALT Linux。该系统的运营机构由两个大的俄罗斯自由软件计划合并而来。ALT Linux面向不同的目的生产不同类型的发行版本，比如面向家庭计算机、办公计算机、企业服务器的各种桌面发行版本，面向教育机构的专用发行版本，以及面向低端计算机的发行版本。而且ALT Linux拥有自己的基础开发设施和软件仓库—Sisyphus，它为所有不同类型的ALT Linux提供基础应用软件。2010年3月初，俄罗斯媒体公开了朝鲜在Linux操作系统的基础上改进的计算机操作系统——红星（Red Star）操作系统。

此外，印度、韩国表示计划开发一种新型的计算机操作系统，法国、古巴宣布它们已经自行开发了一套基于开源资源的操作系统，而日本的TRON操作系统早在1984年就出现了，定位于内嵌式操作系统，在微处理器中运行。TRON和Linux操作系统一样是公开源代码的软件。

在2000年前后，我国诸多企业投身于Linux国产化研发，其推出的发行版本以"红旗Linux"和"中标麒麟"为代表，后续一些有能力的IT企业前赴后继，推出了自主品牌的操作系统产品。

中国首个宣布推出国产手机操作系统的是中国移动。2008 年，这款名为 OMS 的系统上线，号称要与 Android 并驾齐驱，打破几大国外智能系统的垄断。

2010 年，中国联通发布联通沃 Phone 系统，沃 Phone 系统得到了国家级的多项支持，被列为国家核心电子器件、高端通用芯片及基础软件产品重大科技专项支持的课题成果。

2013 年 3 月 2 日，阿里巴巴 YunOS 网站上线，在阿里巴巴的推动下，YunOS 的发展没有停滞。在 2014—2015 年，凭借与魅族科技有限公司合作，YunOS 曾一度占据国内手机操作系统份额的 7%。这堪称 YunOS 的巅峰时刻。

在 2019 年 8 月 9 日，华为在东莞举行华为开发者大会，正式发布鸿蒙 OS（Harmony OS）操作系统。鸿蒙 OS 是一款"面向未来"、基于微内核的、面向全场景的分布式操作系统，它将适配手机、平板电脑、电视、智能汽车、可穿戴设备等多终端设备。

纵观全球操作系统的发展格局，可以将其总结为"从封闭到开放，再到封闭，然后再次开放"的发展特点。从 IBM 产品专用操作系统的封闭授权，到服务器所使用的 UNIX、Linux 开放授权，再到苹果 Mac OS 的封闭授权、Windows 的商业授权，最后到 Andriod 的开源授权，操作系统封闭与开放的斗争与演变既反映了 IT 互联网产业自身不断更新迭代的内在要求，也显示了保守与创新是商业模式不断洗牌的催化剂。如今的操作系统市场风云变幻，中国企业能否在未来的操作系统市场中占有一席之地，值得期待。

3.5　计算机故障诊断与工具软件

1. 故障分类

硬件故障是用户使用不当或电子元件故障使计算机硬件不能正常运行的故障，它包括：电源故障，导致没有供电或只有部分供电，以及供电不正常；部件工作故障；元器件与芯片松动；外设与各部件之间的连线松动；线路连接错误。

软件故障是与操作系统和应用程序相关的故障，包括：软件的版本与运行环境配置不兼容，造成软件运行不正常、系统死机或文件丢失；驱动安装不正确，造成设备工作不正常；大量垃圾文件造成系统运行缓慢；病毒破坏；系统参数配置不正确。

2. 故障诊断规则

先静后动，先外后内，先软后硬，先电源后负荷，先共性后局部。

3. 常见的计算机故障检测方法

常见的计算机故障检测方法有清洁法、直接观察法、拔插法、交换法、比较法、震动敲击法、升温降温法等。

4. 常用工具软件

常用工具软件种类十分丰富，用户可以根据自己的计算机配置和爱好来选择。

1）系统工具软件

（1）硬件检测工具：这类软件可以 24 小时全程监控硬件的状态，使用户轻松掌握计算机的健康状况，防止硬件高温；能够智能分辨系统产生的垃圾痕迹，可一键清理优化，确保计算机稳定高效地运行。

（2）硬盘修复工具：主要进行硬盘数据恢复，一般支持多种情况下的文件丢失、分区丢失恢复；支持文件预览；支持扇区编辑等高级数据恢复功能；可以进行硬盘分区，包括创建分区、删除分区、格式化分区、无损调整分区、备份与还原分区等。

（3）系统优化工具：主要提供了全面有效且简便安全的系统检测、系统优化、系统清理、系统维护等功能模块；能够有效地帮助用户了解计算机软、硬件信息；简化操作系统设置步骤；提升计算机的运行效率；清理系统运行时产生的垃圾；修复系统故障及安全漏洞；维护系统的正常运转。

（4）备份与还原工具：可以方便地实现系统的备份与还原。

2）应用工具软件

（1）办公工具：WPS Office 是由金山软件股份有限公司自主研发的一款办公软件套装，可以实现办公中最常用的文字、表格、演示等多种功能。其内存占用少，运行速度快，体积小，插件平台强大，免费提供海量在线存储空间及文档模板，支持阅读和输出 PDF 文件，全面兼容微软 Office 格式（doc/docx/xls/xlsx/ppt/pptx 等），打破了微软公司的垄断。它覆盖了 Windows、Linux、Android、iOS 等多个平台。

（2）压缩解压工具：WinRAR 是一款强大的压缩文件管理工具。它能备份数据，解压 RAR、ZIP 和其他格式的压缩文件，并能创建 RAR 和 ZIP 格式的压缩文件。

（3）多媒体工具：万能视频播放器—暴风影音，其兼容性好，资源占用率低；万能的多媒体格式转换器—格式工厂，可以对不同的音、视频格式进行转换。

本章小结

本章主要介绍了计算机组成的相关知识，主要有下要点：

（1）计算机包括硬件系统和软件系统两部分，硬件系统包括运算器、控制器、存储器、输入设备和输出设备五大部分，软件系统包括系统软件和应用软件两大类。

（2）计算机的简要工作原理，以及计算机中主板、CPU、内存、硬盘、显示器及相关外设等的工作原理及主要特性；计算机配件的选购原则及操作系统的安装方法，以及计算机的故障诊断方法。

（3）操作系统的重要作用及其发展历史。

（4）常用计算机故障诊断和处理的方法，以及常用工具软件的功能、性能说明。

练习题

1. 简要说明计算机系统的组成要素。

2. 简述计算机的主要组成部件。

3. 简述 CPU 的主要技术参数。

4. 简述计算机的故障诊断与排除的方法。

5. 简述操作系统的作用，说明当前智能手机使用的是什么操作系统。

第4章

互联网基础

知识目标

（1）掌握计算机网络、互联网的基本概念；

（2）掌握常用的互联网服务；

（3）了解 TCP/IP、域名的作用，掌握 IP 地址的设置方式；

（4）了解无线移动通信技术；

（5）了解局域网技术和网络安全的相关知识。

互联网不是万能的，但互联网将"连接一切"，连接，是一切可能的基础。①

——腾讯公司总裁马化腾

4.1　什么是互联网

互联网是 20 世纪最伟大的发明之一，是继蒸汽机、电能之后的第三次技术革命的产物，它是我国"互联网+"行动计划的基石，其自问世后飞速发展，2019 年全球的网民规模已达 38 亿以上。本节主要介绍互联网的发展史、网络的基本概念、互联网所提供的主要服务、IP 地址和网络协议，以及域名的概念。

4.1.1　互联网的发展史

（1）20 世纪 60 年代诞生 ARPANET 网。

互联网最早起源于美国国防部高级研究计划署 DARPA（Defence Advanced Research Projects Agency）的前身 ARPANET，该网于 1969 年投入使用。由此，ARPANET 成为现代计算机网络诞生的标志。

20 世纪 60 年代末，美军为了保证 4 台软、硬件结构不同的计算机有效地相互通信，在

---

① 马化腾，互联网+：国家战略行动路线图［M］. 北京：中信出版社，2015.

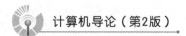

受到军事打击时，如果其中的一台或几台计算机被破坏，其他计算机仍能有效地通信和工作，于是研究出了 ARPANET。ARPANET 还建立了一种能够使计算机在网络上正确交换信息的协议，只要计算机遵循该协议，那它连入网络就能和其他计算机进行数据交换，这就是 TCP/IP（Transportation Control Protocol/Internet Protocol）。

（2）20 世纪 80 年代诞生用于教育和科研的 NSFNET。

TCP/IP 产生后，1986 年，美国国家科学基金会（National Science Found，NSF）将美国大学和研究机构的计算机网络连在一起，建立了 NSFNET——计算机科学网。1989 年，NSFNET 对外开放，公众可以自由进入该网络，这就是互联网的最初骨干网。

（3）从 1990 年开始，NSFNET 取代 ARPANET。

到了 20 世纪 90 年代初，互联网事实上已成为一个"网中网"——各个子网分别负责自己的架设和运作费用，而这些子网又通过 NSFNET 互联起来。由于 NSFNET 由政府出资，因此，当时互联网最大的老板还是美国政府，只不过在一定程度上加入了一些私人小老板。互联网在 20 世纪 80 年代的扩张不仅带来量的改变，同时也带来某些质的改变。由于多个学术团体、企业研究机构，甚至个人用户的进入，互联网的使用者不再限于计算机专业人员。新的使用者发觉加入互联网除了可共享 NSFNET 的巨型机外，还能进行相互间的通信，而这种相互间的通信对他们来讲更具有吸引力。于是，他们逐步把互联网当作一种交流与通信的工具，而不仅共享 NSFNET 巨型机的运算能力。

在 20 世纪 90 年代以前，互联网的使用一直限于研究与学术领域。商业机构进入互联网一直受到这样或那样的法规或传统问题的困扰。事实上，美国国家科学基金会等曾经出资建造互联网的政府机构，对互联网上的商业活动并不感兴趣。

1991 年，美国的 3 家公司分别经营着 CERFnet、PSInet 及 Alternet，可以在一定程度上向客户提供互联网联网服务。他们组成了"商用 Internet 协会"（CIEA），宣布用户可以把它们的互联网子网用于任何商业用途。互联网商业化服务提供商的出现，使工商企业终于可以堂堂正正地进入互联网。商业机构一踏入互联网这一陌生的世界就发现了它在通信、资料检索、客户服务等方面的巨大潜力，于是，其势一发不可阻挡。世界各地无数的企业及个人纷纷涌入互联网，带来了互联网发展史上一次新的飞跃。

4.1.2　互联网的基本概念

1. 互联网的定义

互联网（又称计算机网络）是指将若干地理位置不同并具有独立功能的多个计算机或嵌入 CPU 芯片的智能终端，通过通信设备和传输线路连接起来，实现信息交换和资源共享的系统。

2. 互联网的分类

互联网的分类方法很多，通常按照网络所覆盖的范围和联网设备的规模不同，将其分为局域网（LAN）、城域网（MAN）和广域网（WAN）3 类。

1）局域网

局域网是指在某一区域内由多台计算机相互连接形成的计算机网络，其覆盖范围为几百米到几千米之间。局域网常被用于连接公司、工厂、校园办公室中的个人计算机，以便共享资源和交换信息。

2）城域网

城域网是一种大型的局域网，采用和局域网类似的技术。城域网的覆盖范围比局域网更广，可以达到几十千米，其传输速率也高于局域网。

3）广域网

广域网也叫远程网，是一种地理范围巨大的网络，它将分布在不同地区的局域网或计算机系统连接起来，达到资源共享的目的。通常广域网的覆盖范围可达到几十千米甚至几万千米，一般由通信公司建立和维护。例如，省际间或国家之间建立的网络都属于广域网。

3. 互联网的接入方式

计算机等上网设备连入互联网一般有两种方式：专线方式和无线方式。专线方式成为单位和家庭固定地点上网的首选；无线方式已成为手机等移动设备的不二选择。窄带拨号上网方式已基本退出历史舞台。

4. 互联网的功能特征

（1）跨时间：互联网 24 小时永不停歇。

（2）跨区域：互联网连接全世界。

（3）标准统一：互联网的协议、访问标准一致。

（4）内容丰富：互联网的内容越来越丰富，包罗万象。

（5）交互性好：互联网的交流参与性强，各项活动都是网民自动完成，交互实现的。

（6）信息密度高：全世界的人都在互联网上传输信息，文字、声音、图像、视频等应有尽有。

（7）个性定制：互联网的服务因人而异，很多服务和内容根据用户的要求而定。

4.1.3　常用的互联网服务

基于互联网的服务很多，常用的互联网服务如下：

（1）WWW 信息服务：WWW（World Wide Web，也称为 Web）译为"万维网"，是一种基于超级文本的多媒体信息发布、查询工具，集文字、图像、动画、视频于一体，是发布信息的重要平台，它通过各种浏览器进行信息阅读，目前网上的各类门户网站、电子商务网站、企业网站等都是通过 WWW 服务展现给网民的。

（2）即时通信：供人们进行社交活动的即时通信工具如腾讯公司的 QQ、微信，美国的"脸书"（Facebook）等。

（3）电子邮件（E‐mail）：电子邮件采用电子化的方式收发消息，是人与人之间进行信息交流的一种重要、快捷的通道，是互联网上最基本，也是早期使用最多的一种服务，目前受微信等即时通信工具的冲击，应用量在降低，常用于较正规的业务交流活动。

（4）信息搜索：网上的信息浩如烟海，利用搜索工具就可以按照主题词快速找到信息所在网页内容，实现信息共享，主要的搜索工具有百度、谷歌等。

（5）论坛、BBS（电子公告板）：它们是人们利用网络针对某一专题进行发言、讨论的工具，大部分网站都有此功能。

（6）博客、微博：博客实际上就是个人或单位的一种电子日志，个人和组织可以把每日的所思所想、所见所闻，付诸博客呈现给人们，其记录内容可长可短，不受限制。微博则是内容很短的博客，其内容一般限制在 140 个汉字以内，特点是快捷、迅速。它逐渐演变为大众的网络新闻中心，当前许多新闻就是从微博首先发表出来的，微博成为新闻的重要来源。各大门户网站，如新浪、搜狐、腾讯等均提供博客、微博服务。

（7）文件传输（FTP）：文件传输的功能是指在互联网上的两台计算机之间进行文件的传输，多为网站网页文件的上传、下载服务。

（8）远程登录服务（TELNET）：其主要用于把远程计算机屏幕显示的内容显示在本地计算机上，供本地专业技术人员为远程用户解决计算机、服务器或互联网的技术问题。

4.1.4　TCP/IP

要使互联网上的所有电脑和设备实现互联，需要一种公共的语言和规则实现彼此沟通，这就是网络通信协议。当前互联网上采用的网络通信协议是 TCP/IP。

1. TCP/IP 介绍

TCP/IP（传输控制协议/网间协议）是一种网络通信协议，它规范了网络上的所有通信设备，尤其是一个主机与另一个主机之间的数据往来格式以及传送方式。TCP/IP 是互联网的基础协议，也是一种计算机数据打包和寻址的标准方法。

TCP/IP 是一组协议，其中最重要的两个协议是 TCP 和 IP，IP 负责数据的传输，而TCP 负责数据的可靠传输，二者可以联合使用，也可以与其他协议联合使用，保证将要传送的信息准确地输送到目的地。

TCP/IP 的工作原理如下：

TCP/IP 所采用的通信方式是分组交换。所谓分组交换，就是数据在传输时切分若干数据段，每个数据段称为一个数据包（又叫数据报）。

首先由 TCP 把数据分成一定大小的若干数据包，并给每个数据包标上地址、序号及一些说明信息（类似装箱单），接收端接收到数据后，再还原数据，按照数据包序号把数据还原成原来的格式。

IP 负责给每个数据包写上发送主机和接收主机的地址（类似将信装入信封，在信封上写上收件人地址和发件人地址），一旦写上源地址和目的地址，数据包就可以在互联网上传送数据了。IP 还具有利用路由算法进行路由选择的功能。基于 TCP/IP 的信息流示意如图 4-1 所示。

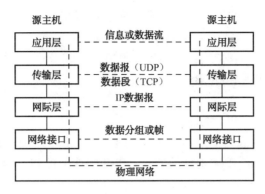

图 4 - 1 基于 TCP/IP 的信息流示意

2. 互联网中的 IP 地址

1）IP 地址的概念

为了使连入互联网的众多计算机在通信时能够相互识别，互联网中的每一台主机都分配有一个唯一的若干位二进制数组成的地址，该地址称为 IP 地址，也称作网际地址，它是互联网主机的一种数字型标识。目前有两种 IP 地址，一种是 IPv4 地址，它由 32 位二进制位组成，另一种是 IPv6 地址，它由 128 位二进制位组成。IPv6 地址是因为 IPv4 地址空间不够用发展而来的新的编址方案。

2）IPv4 地址

IPv4（"Internet Protocol Version 4"的缩写）地址由 32 位二进制位组成，为方便记忆把它分成 4 段（或叫 4 组），每段有一个字节（8 位），各段之间用一个小圆点"."分开（注意"."不是 IPv4 地址的组成部分）。例如，某计算机的 IPv4 地址可表示为：11001010. 01100011. 01000000. 10001100。

这样的 IPv4 地址不容易识别和记忆，进一步把每一段二进制位转换成相应的十进制位，如上面这台主机的 IPv4 地址每一段用十进制表示就是 202.99.64.140。注意每段由 8 位二进制位组成，所以每段的十进制位的范围是 0 ~ 255，超出这一范围的数字就是不正确的，也是系统无法接受的。

3）IPv6 地址

IPv6（"Internet Protocol Version 6"的缩写）是用于扩展现行版本 IPv4 的下一代 IP。IPv6 具有长达 128 位的地址空间，可以彻底解决 IPv4 地址空间不足的问题，施行 IPv6 以后，原则上，世界上每个家庭中的每样电器都可以有一个独立的 IP 地址。换言之，如果地球表面（含陆地和水面）都覆盖着计算机，那么 IPv6 允许每平方米拥有 7×10^{23} 个 IP 地址。

IPv6 地址的 128 位二进制位通常写成 8 组，每组写成 4 位十六进制位的形式，组之间用冒号"："分割。比如：AD80：0000：0000：0000：ABAA：0000：00C2：0002 是一个合法的 IPv6 地址。这个地址比较长，不方便记忆也不易于书写。零压缩法可以用来缩减其长度。如果几个连续段位的值都是 0，那么这些 0 就可以简单地以"：："来表示，上述 IPv6 地址就可写成 AD80：：ABAA：0000：00C2：0002。这里要注意的是，只能简化连续的段位的 0，其前、后的 0 都要保留，比如 AD80 的最后这个 0 不能被简化。这种简化只能用一次，在上例中的 ABAA 后面的 0000 就不能再次简化。当然也可以在 ABAA 后面使用"：："，这样前面的 12

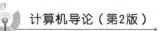

个 0 就不能压缩。这个限制的目的是为了准确还原被压缩的 0，不然就无法确定每个"∷"代表了多少个 0。例如，下面是一些合法的 IPv6 地址：

CDCD∶910A∶2222∶5498∶8475∶1111∶3900∶2020

1030∷C9B4∶FF12∶48AA∶1A2B

2000∶0∶0∶0∶0∶0∶0∶1

4）IPv6 地址可以嵌入 IPv4 地址

一个 IPv6 地址可以内嵌一个 IPv4 地址，并且写成 IPv6 地址形式和 IPv4 地址形式的混合体。IPv6 地址有两种内嵌 IPv4 地址的方式：IPv4 映像地址和 IPv4 兼容地址。

（1）IPv4 映像地址。

比如∷ffff∶192.168.89.9 是 0000∶0000∶0000∶0000∶0000∶ffff∶c0a8∶5909 的简化写法。IPv4 映像地址布局如下：| 80 bit |16 | 32 bit |等价于 0000···0000 | FFFF | IPv4 地址 |。

（2）IPv4 兼容地址。

比如∷192.168.89.9 是 0000∶0000∶0000∶0000∶0000∶0000∶c0a8∶5909 的简化写法。IPv4 兼容地址布局如下：| 80 bit |16 | 32 bit |等价于 0000···0000 | 0000 | IPv4 地址 |。

需要注意的是，IPv4 兼容地址已经被舍弃，所以今后的设备和程序可能不会支持这种地址格式。

3. Windows10 系统中有线和无线上网方式的设置方法

1）有线静态网络地址的设置方法

以 IPv4 为例说明 Windows10 系统中网络地址的设置方法

（1）打开控制面板，如图 4-2 所示，单击"网络和 Internet"链接。

图 4-2　控制面板

（2）在图 4-3 所示界面中，打开"网络和共享中心"。

（3）如图 4-4 所示，单击链接地址（这里是叫"校园网"）。

（4）在弹出的对话框中，如图 4-5 所示，单击"属性"按钮。

图 4 - 3 "网络和 Internet"界面

图 4 - 4 "网络和共享中心"界面

图 4 - 5 "校园网状态"对话框

（5）在出现图4-6所示的界面后，选择"Internet 协议版本 4"选项，再单击"属性"按钮。

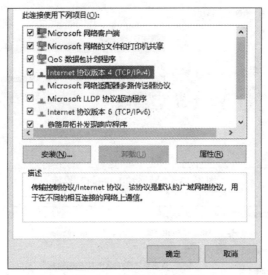

图4-6　网络属性界面

（6）在出现图4-7所示的界面后，选择"使用下面的 IP 地址"选项，输入相应的 IP 地址、子网掩码、默认网关，以及下面的 DNS 服务器地址等信息后，单击"确定"按钮即可。

图4-7　网络 IP 地址输入界面

其中的 IP 地址、子网掩码、默认网关，以及下面的 DNS 服务器地址，以及是否选择自动获得 IP 地址等信息，都需向本单位网络管理部门的网络管理员索取或确认，因为不同单位的网络地址分配方案不尽相同。

采用 IPv6 地址分配方案的网络地址设置方式与 IPv4 地址类似，可参照相关资料设置。

2）笔记本电脑无线上网的设置方法

使用笔记本电脑进行无线网络连接是添置笔记本电脑后的重要任务。下面简要介绍在装有 Windows 10 操作系统的笔记本电脑中设置无线上网的操作步骤。有线上网设置参见上一节（5）的介绍。

一般的笔记本电脑都有内置无线网卡，所以需要先检查无线上网驱动是否安装成功。检查方法：选择"控制面板"→"系统和安全"→"系统"→"设备管理器"→"网络适配器"选项，如图 4 - 8 所示。

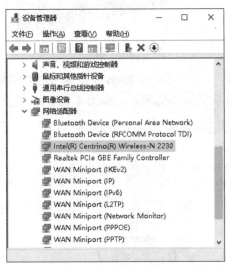

图 4 - 8　检查无线上网驱动是否正确安装

可以看到笔记本电脑型号对应的无线上网驱动已成功安装，否则需要下载相应的驱动程序，再进行重新安装。

然后，确认笔记本电脑的无线服务是否开启。检查方法：用鼠标右键单击"此电脑"图标，然后选择"管理"→"服务和应用服务"→"服务"选项，如图 4 - 9 所示。

图 4 - 9　检查无线服务是否开启

查看"WLAN AutoConfig"是否启动。可以配置该项服务为自动启动模式。

有些笔记本电脑还需要开启无线开关，一般在机身下方有图4–10所示的开关。需要手动拨动开关，露出绿色区域，以设置成开启状态。

图4–10　无线开关

最后，选择"控制面板"→"网络和Internet"→"网络和共享中心"→"更改网络适配器"命令，显示本机可连接的网络适配器，如图4–11所示。

图4–11　无线网络连接的选择（1）

双击"WLAN"图标，选择无线网络连接，选定并单击无线连接（如"qdbhxy"），输入密码，单击"连接"按钮即可，如图4–12所示。

图4–12　无线网络连接的选择（2）

4. 域名系统

IP 地址是一串数字，难以记忆，因此人们专门设计了用字符表示主机地址的方法，即域名地址。

域名与 IP 地址的关系，正如每个学生都有一个名字和一个学号，显然，人名比数字表示的学号更容易记忆。互联网的这种层次型名字管理机制叫作域名系统（Domain Name System，DNS）。

需要说明的是，互联网上的主机可以有一个域名，也可以有多个域名，要根据使用者的需要，由域名管理系统具体实现，一般每个域名对应一个 IP 地址。

1）域名系统介绍

为了方便记忆，人们设计了一种字符型的计算机主机命名机制，形成了网络域名系统。

域名系统的结构是一种分层结构，每个域名是由几个域组成的，域与域之间用小圆点"."分开，最末的域叫作顶级域，其他域叫作子域。

域名的一般格式为"主机名.商标名(企业名).单位性质或地区代码.国家代码"，如北京大学对外网站的域名网址为"www.pku.edu.cn"，其中顶级域名"cn"代表中国，一级域名"edu"代表教育机构，二级域名"pku"代表北京大学，而"www"指北京大学对外网站。因此，域名网址"www.pku.edu.cn"可解释为中国教育部门北京大学的对外宣传网站。北京大学域名网址比对应的 IP 地址（106.120.125.30）更容易记忆和传播。原则上，域名网址和对应的 IP 地址具有同等作用，都可以用于访问相关的服务。使用中，有时因各种原因域名对应的 IP 地址改变而不通知用户，但域名一般不会改变，所以访问某单位的网站只需记住其域名即可。

2）顶级域名

顶级域名的分配由国际互联网名称和编号分配公司（ICANN）代美国政府来管理。顶级域名有两种划分方法：一种是按单位或组织的性质划分，另一种是按国家、地区划分。

（1）按单位或组织的性质划分。

按单位或组织的性质可划分了若干个顶级域名，见表 4-1。

表 4-1　按单位或组织的性质划分的顶级域名及其含义

序号	顶级域名	含义
1	.com	商业机构
2	.edu	教育机构
3	.gov	政府部门
4	.net	网络组织
5	.org	非营利组织
6	.info	网络信息服务组织
7	.biz	商业
8	.pro	用于会计、律师和医生
9	.int	国际组织

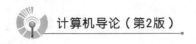

序号	顶级域名	含义
10	. mil	美国军事部门
11	. name	用于个人
12	. museum	用于博物馆
13	. coop	用于商业合作团体
14	. aero	用于航空工业
15	. idv	用于个人

需要在这些顶级域名下设置特定域名的单位或组织，必须到美国控制的 ICANN 申请，由此可见，通过该公司美国变相地控制了全球互联网的域名访问权。

（2）按国家、地区划分。

每个国家、地区都有一个固定的顶级域名，表 4－2 所示是按国家、地区划分的顶级域名及其含义（部分）。

表 4－2　按国家、地区划分的顶级域名及其含义（部分）

序号	顶级域名	含义
1	. ac	亚森松岛
2	. ad	安道尔
3	. ae	阿拉伯联合酋长国
4	. af	阿富汗
5	. cn	中国大陆
6	. hk	中国香港
7	. mo	中国澳门
8	. tw	中国台湾
9	. us	美国

欲使用这类域名可到本国或地区网络管理部门申请。以".cn"".中国"".公司"".网络"结尾的 4 种中文域名由中国网络信息中心（CNNIC）负责运行和管理。

3）域名解析

域名解析就是由域名到 IP 地址的转换过程，由上一级的域名服务系统（DNS）完成对下一级域名的解析工作，直至找到最终的服务。以北京大学域名网址"www. pku. edu. cn"的解析为例，其详细过程如图 4－13、图 4－14 所示。

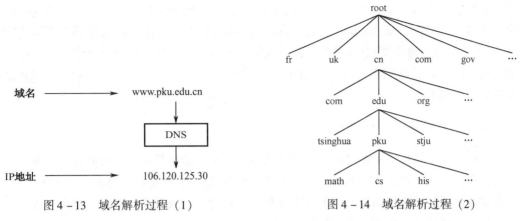

图 4-13 域名解析过程（1）　　　　　　　图 4-14 域名解析过程（2）

4）域名申请过程

我国顶级域名下单位的域名申请，由中国互联网络信息中心负责，具体申请程序可参考其网站（http://www.cnnic.cn）。当然也可以请有资质的域名申请代理商负责国际、国内域名的申请。域名申请过程如图 4-15 所示。

图 4-15 域名申请过程

4.2 无线移动通信技术

无线通信（Wireless Communication）是利用电磁波信号可以在自由空间中传播的特性进行信息交换的一种通信方式。近些年信息通信领域中发展最快、应用最广的就是无线通信技术。在移动中实现的无线通信又称为移动通信，人们把二者合称为无线移动通信。

无线通信原理如图 4-16 所示。

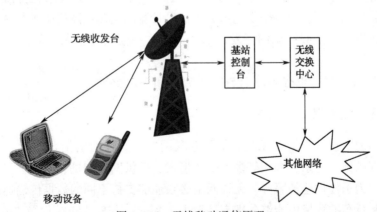

图 4-16 无线移动通信原理

WAP（Wireless Application Protocol）为无线应用协议，是一项全球性的无线移动网络通信协议。WAP 是移动互联网的通行标准，其目标是将互联网的丰富信息及先进的业务引入移动电话等无线终端。WAP 定义可通用的平台，把目前互联网上用 HTML 语言描述的信息转换成用 WML（Wireless Markup Language）描述的信息，显示在移动终端的显示屏上。WAP 只要求移动终端和 WAP 代理服务器的支持，而不要求现有的移动通信网络协议作任何改动，因此可以广泛地应用于 GSM、CDMA、TDMA、3G、4G、5G 等多种网络。WAP 是移动商务的基础和平台。

1. 第一代移动通信技术（1G）

第一代移动通信技术最重要的特点体现在移动性上，这是其他任何通信方式和系统不可替代的，从而结束了过去无线通信时常被其他通信手段替代而处于辅助地位的历史。1G 的最大贡献是使用蜂窝网络结构，频带可重复利用，实现大区域覆盖；支持移动终端的漫游和越区切换，实现移动环境下的不间断通信。

2. 第二代移动通信技术（2G）

全球移动通信系统（Global System of Mobile communication，GSM）是当前应用最为广泛的移动通信标准。全球绝大部分国家和地区的人们正在使用 GSM 电话。GSM 较以前的标准的最大不同是它的信令和语音信道都是数字式的，因此 GSM 被看作第二代（2G）移动电话系统。这说明数字通信很早就已经被构建到系统中。

GSM 由网络交换、基站和网络管理 3 个子系统构成。GSM 实现了客户（SIM 卡）与设备分离（即人机分离）。

GSM 的最大缺点是通信带宽不足，其数据传输速率是 9.6 kbit/s，这与当前互联网每秒几十兆至几十兆字节的传输速率无法相比，影响了与互联网的有效接口，难以实现多媒体信息的广泛应用。在 3G 标准还未建立之前，人们采用一些过渡技术来拓展 GSM 的带宽，出现了所谓的 2.5G、2.75G 移动通信技术。

码分多址（Code Division Multiple Access，CDMA）是指不同用户传输信息所用的信号不是依据频率不同或时隙不同来区分，而是用各自不同的编码序列来区分。

CDMA 是由美国 Qualcomm 公司首先提出的技术，其基于扩频技术，将需要传送的具有一定信号带宽的信息数据，用一个带宽远大于信号带宽的高速伪随机码进行调制，使原数据信号的带宽被扩展，再经载波调制并发送出去，接收端使用完全相同的伪随机码作相关处理，实现通信。

CDMA 与 GSM 一样，也有 2G、2.5G、2.75G 和 3G 之分。

3. 第三代移动通信技术（3G）

第三代移动通信技术是指将无线通信与互联网等多媒体通信结合的新一代移动通信系统。它能够处理图像、音乐、视频等多种媒体形式，提供网页浏览、电话会议、电子商务等多种信息服务。为了提供这种服务，无线网络必须能够支持不同的数据传输速度，也就是说在室内、室外和行车的环境中能够分别支持至少 2 Mbit/s、384 kbit/s 以及 144 kbit/s 的传输速度。CDMA 被认为是 3G 的首选技术，其标准有 WCDMA、CDMA 2000、TD－SCDMA。其中，TD－SCDMA 是我国通信史上第一个具有完全自主知识产权的国际 3G 通信标准。它所基于的基本技术标准如下：

（1）TDD（时分双工）：允许上行和下行在同一频段上，而不需要成对的频段。

（2）TDMA（时分多址）：是一种数字技术，它将每个频率信道分割为许多时隙，从而允许传输信道在同一时间由数个用户使用。

（3）CDMA（码分多址）：在每个蜂窝区使多个用户同时接入同一无线信道成为可能。

（4）联合检测：允许接收机为所有信号同时估计无线信道和工作。

（5）动态信道分配：TD-SCDMA 空中接口充分利用了所有可提供的多址技术。

（6）终端互同步：通过精确的对每个终端传输时隙的调谐，TD-SCDMA 改善了手机的跟踪，降低了定位的计算时间，以及切换寻找的寻找时间。

（7）智能天线：是一种在蜂窝覆盖区通过蜂窝和分配功率可跟踪移动用户的波形控制天线。

4. 第四代移动通信技术（4G）

4G 的定义到目前为止依然有待明确，它的技术参数、国际标准、网络结构，乃至业务内容均未有明确说法。不过关于 4G 仍然有不少描述，诸如：4G 集 3G 与 WLAN 于一体，并能够传输高质量视频图像，它的图像传输质量与高清晰度电视不相上下。4G 系统能够以 100 Mbit/s 的速度下载，比拨号上网快 2 000 倍，上传的速度也能够达到 20 Mbit/s，并能够满足几乎所有用户对无线服务的要求。而在用户最为关注的价格方面，4G 与固定宽带网络的价格不相上下，而且计费方式更加灵活，用户完全可以根据自身的需求确定所需的服务。此外，4G 可以在 DSL 和 CABLE MODEM 没有覆盖的地方部署，然后再扩展到整个地区。很明显，4G 有着不可比拟的优越性。

5. 第五代移动通信技术（5G）

第五代移动通信技术（5th Generation Mobile Networks 或 5th Generation Wireless Systems、5th-Generation，简称 5G 或 5G 技术）是最新一代蜂窝移动通信技术，也是 4G（LTE-A、WiMax）、3G（UMTS、LTE）和 2G（GSM）系统之后的延伸。5G 的性能目标是提供高数据速率、减少延迟、节省能源、降低成本、提高系统容量和大规模设备连接。

5G 网络的主要优势在于，数据传输速率远远高于以前的蜂窝网络，最高可达 10Gbit/s，比当前的有线互联网要快，比之前的 4G LTE 蜂窝网络快 100 倍。其另一个优点是网络延迟较低（响应更快），低于 1 毫秒，而 4G 为 30~70 毫秒。由于数据传输更快，5G 网络将不仅为手机提供服务，也将更多地应用于车联网与自动驾驶、远程外科手术、智能电网等领域。

基于无线移动通信技术的移动互联网，以其独特的优势，必将成为商家现在及今后争夺的热土。

4.3 网络安全

计算机网络安全（Computer Network Security），简称网络安全，泛指网络系统的硬件、软件及其系统中的数据受到保护，不因偶然的或者恶意的原因遭到破坏、更改、泄露，系统连续、可靠、正常地运行，网络服务不中断。

网络安全从其本质上讲就是网络上信息的安全，指网络系统的硬件、软件及其系统中数据的安全。网络信息的传输、存储、处理和使用都要求处于安全的状态。

网络安全的内容涉及：

（1）网络实体安全：主要指计算机机房的物理条件、物理环境及设施的安全标准；计算机硬件、附属设备及网络传输线路的安装及配置等；

（2）软件安全：主要是保护网络系统不被非法侵入，系统软件与应用软件不被非法复制、篡改等；

（3）数据安全：即保护数据不被非法存取，确保其完整性、一致性、机密性等；

（4）安全管理：保证运行时突发事件的安全处理等。

网络安全技术主要指密码技术、防火墙技术、身份认证技术等，其涉及的网络安全产品主要为病毒防控产品。

1. 密码技术

密码技术是最基本的网络安全技术，被誉为信息安全的核心，而且融合到大部分安全产品中。计算机网络系统安全一般采用防火墙、病毒查杀、安全防范等被动措施，而数据安全则主要采用现代密码技术对数据进行主动防护，通过数据加密、消息摘要、数字签名及密钥交换等技术，实现数据保密性、数据完整性、不可否认性和用户身份真实性等安全机制，从而保证网络环境中信息传输和交换的安全性。

1）密码技术的基本概念

密码技术一般由密码系统来实现，由加密和解密过程共同组成密码系统；

明文（plaintext）：密码系统中的原始数据称为明文；

密文（ciphertext）：经密码系统加密变换后而产生的数据称为密文；

加密（encryption）：由明文变为密文的过程称为加密，通常由加密算法来实现；

解密（decryption）：将密文还原为原始明文的过程称为解密，它是加密的反向处理，通常由解密算法来实现。

图4-17所示为数据加密和解密的过程示意。

图4-17　数据加密和解密的过程示意

一个密码系统又由算法和密钥两个基本组件构成。密钥是一组二进制数，由进行密码通信的专人掌握，而算法则是公开的，任何人都可以获取使用。

密码技术包括密码算法设计、密码分析、安全协议、身份认证、消息确认、数字签名等多项技术。密码技术是保护大型传输网络系统中各种信息的唯一实现手段，是保障信息安全的核心技术，它不仅能够保证保密性信息的加密，而且还能够完成数字签名、身份验证、系统安全等功能。

2）常用加密方法

加密实际是对数据进行编码，使人无法看出其本来面目，以保护机密信息，也可以用于协助认证过程。常用的加密方法有对称加密、非对称加密和单向加密3种。

（1）对称加密

在对称加密方法中，用于加密和解密的密钥是相同的，接收者和发送者使用相同的密钥。图 4 - 18 所示为对称加密示意。

图 4 - 18　对称加密示意

（2）非对称加密

非对称加密采用公开密钥加密体制，传输信息的每一方都有一对密钥，其中一个为公开的，另一个为私有的。发送信息时用对方的公开密钥加密，收信者用自己的私有密钥进行解密。公开密钥加密算法的核心是运用一种特殊的数学函数——单向陷门函数，即从一个方向求值是容易的，但其逆向计算却很困难，从而在实际上成为不可行的。公开密钥加密技术不仅保证了安全性且易于管理，其不足之处是加密和解密的时间长。图 4 - 19 所示为非对称加密示意。

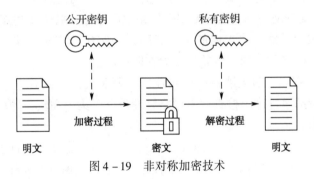

图 4 - 19　非对称加密技术

（3）单向加密

单项加密也称为哈希（Hash）加密，即利用一个含有哈希函数的哈希表，确定用于加密的十六进制数。对信息进行单向加密，在理论上是不可能解密的。单向加密主要用于不想对信息解读和读取，而只需证实信息的正确性的场合。这种加密方式也适用于签名文件。

2. 防火墙技术

防火墙是网络访问的控制设备，位于两个网络之间，通过执行访问策略来达到保证网络安全的目的。

1）防火墙的定义

防火墙是指设置在被保护网络（内联子网或局域网）与公共网络（如 Internet）或其他网络之间并位于被保护网络边界的、对进出被保护网络信息实施"通过/阻断/丢失"控制的硬件、软件部件或系统。

图4-20所示为部署防火墙的典型企业网络拓扑。

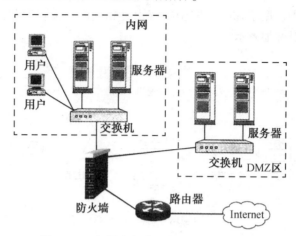

图4-20　部署防火墙的典型企业网络拓扑

2）防火墙的特点

（1）从内部到外部或从外部到内部的所有通信都必须通过防火墙；

（2）只有符合本地安全策略的通信才会被允许通过；

（3）防火墙本身是免疫的，不会被穿透。

3）防火墙的功能

在计算机网络中，网络防火墙扮演着防备潜在恶意活动的屏障的角色，并可通过一个"门"来允许人们在安全网络和开放的不安全网络之间通信，其主要功能如下：

（1）强化网络安全策略。防火墙的主要意图是强制执行安全策略。通过以防火墙为中心的安全方案配置，能将所有的安全软件配置在防火墙上。

（2）创建一个检查点。防火墙在一个企业的内网和外网之间建立一个检查点，通过强制所有的进、出流量都通过这个检查点，网络管理员可以集中在较少的地方来实现安全的目的。检查点的另一个名字是网络边界。

（3）有效记录和审计内、外网络之间的活动。防火墙还能够强制日志记录，并且提供报警功能。通过在防火墙上实现日志服务，安全管理员可以监视所有对外部网和互联网的访问。

（4）隔绝内、外网络。防火墙在网络周围创建了一个保护边界，通过隔离内、外网络，可以防止非法用户进入内部网络，通过认证功能和对网络加密来限制网络信息的暴露，并通过对所能进来的流量实行源检查，限制从外部发动的攻击。

4）防火墙的类型

随着网络应用的普及，网络安全问题越来越重要，防火墙技术得到了飞速的发展。目前有几十家公司推出了功能不同的防火墙系统产品。

以防火墙的软、硬件形式来分，防火墙可以分为软件防火墙和硬件防火墙。

（1）软件防火墙：软件防火墙运行于特定的计算机上，它需要计算机操作系统的支持。软件防火墙需要先在计算机上安装好并作好配置才可以使用。其一般用于服务器和个人计算机，以防止来自网络的攻击，这种防火墙又称为"个人防火墙"。有些操作系统集成了简单的防火墙功能，如Windows XP、Windows Server 2003及后续的产品。

（2）硬件防火墙：硬件防火墙是一台简化的计算机与防火墙软件集成在一起的设备，

是真正意义上的防火墙设备，目前大部分防火墙设备已经和路由器集成在一起，同时具有计算机、路由器、防火墙的功能，但价格不菲。

图4-21所示为企业级硬件防火墙设备。

图4-21　企业级硬件防火墙设备

3. 用户管理

用户管理涉及身份认证和访问控制两方面的技术，通俗地讲，身份认证解决入门问题，访问控制解决进门后的权限问题。所以，身份认证和访问控制技术提供了对用户权限管理的依据，是网络安全的最基本要素，是用户登录网络时保证其使用和交易"门户"安全的首要条件。

1）身份认证的定义

身份认证（Identity and Authentication Management）是计算机网络系统的用户在进入系统或访问不同保护级别的系统资源时，系统确认该用户的身份是否真实、合法和唯一的过程。

身份认证的作用，就是确保用户身份的真实性、合法性和唯一性，防止非法人员进入系统，防止非法人员通过违法操作获取不正当利益、访问受控信息、恶意破坏系统数据的完整性的情况的发生。

2）身份认证方式

现在计算机及网络系统中常用的身份认证方式主要有以下几种：

（1）用户名/密码方式。

用户名/密码是最简单，也是最常用的身份认证方式，每个用户的密码是由这个用户自己设定的，因此，只要能够正确输入密码，计算机就认为这个用户合法。

（2）IC卡认证。

IC卡是一种内置集成电路的卡片，卡片中存有与用户身份相关的数据，IC卡由专门的厂商通过专门的设备生产，可以认为是不可复制的硬件。IC卡由合法用户随身携带，登录时必须将IC卡插入专用的读卡器读取其中的信息，以验证用户的身份。

（3）动态口令。

动态口令技术让用户的密码按照时间或使用次数不断动态变化，每个密码只使用一次。它采用一种称为动态令牌的专用硬件，内置电源、密码生成芯片和显示屏，密码生成芯片运行专门的密码算法，根据当前时间或使用次数生成当前密码并显示在显示屏上。认证服务器采用相同的算法计算当前的有效密码。用户使用时只需将动态令牌上显示的当前密码输入客户端计算机，即可实现身份的确认。

（4）生物特征认证。

生物特征认证是指采用每个人独一无二的生命特征来验证用户身份的技术，常见的有指纹识别、虹膜识别等。从理论上说，生物特征认证是最可靠的身份认证方式，因为它直接使用人的生理特征来表示每一个人的数字身份，不同的人具有相同生物特征的可能性可以忽略不计，因此几乎不可能被仿冒。

（5）USB Key 认证。

基于 USB Key 的身份认证方式是近几年发展起来的一种方便、安全、经济的身份认证技术，它采用软、硬件相结合，一次一密的强双因子认证模式，很好地解决了安全性与易用性之间的矛盾。USB Key 是一种 USB 接口的硬件设备，它内置单片机或智能卡芯片，可以存储用户的密钥或数字证书，利用 USB Key 内置的密码学算法实现对用户身份的认证。

（6）CA 认证。

CA（Certificate Authority）也叫"证书授权中心"，是国际认证授权机构的统称，它是负责发放、管理和取消数字证书的权威机构，并作为电子商务交易中受信任的第三方，承担公钥体系中公钥的合法性检验的责任。

CA 为每个使用公开密钥的用户发放一个数字证书，数字证书的作用就是证明证书中所列出的用户合法拥有证书中列出的公开密钥。CA 的数字签名使攻击者不能伪造和篡改证书。它保证用户在网上传递信息的安全性、真实性、可靠性、完整性和不可抵赖性。

3）访问控制技术

访问控制（Access Control）是指对网络中的某些资源访问进行的控制，是在保障授权用户能够获得所需资源的同时拒绝非授权用户的安全机制。访问控制的目的是限制访问主体（用户、进程等）对访问客体（文件、系统等）的访问权限，从而使计算机系统在合法范围内使用。它决定用户能做什么，也决定代表一定用户利益的程序能做什么。

访问控制是网络安全防范和保护的主要策略，它的主要任务是保证网络资源不被非法使用和访问，是实现数据保密性和完整性的主要手段。访问控制是对信息资源进行保护的重要措施，也是计算机系统中最重要和最基础的安全机制。

访问控制包括认证、控制策略实现和安全审计 3 个内容。

（1）认证。认证包括主体对客体的识别认证和客体对主体的检验认证。

（2）控制策略实现。控制策略设定规则集合从而确保正常用户对信息资源的合法使用。既要防止非法用户入侵，也要考虑敏感资源的泄露，对于合法用户而言，更不能越权行使控制策略所赋予其权利以外的功能。

（3）安全审计。安全审计是对网络系统的活动进行监视、记录并提出安全意见和建议的一种机制。利用安全审计可以有针对性地对网络运行状态和过程进行记录、跟踪和审查，它是网络用户对网络系统中的安全设备、网络设备、应用系统及系统运行状况进行全面的监测、分析、评估，以保障网络安全的重要手段。

4. 病毒防治技术

1）计算机网络病毒的概念

目前对于计算机病毒（Computer Viruses，CV）最流行的定义是：一段附着在其他程序上的可以实现自我繁殖的程序代码。

2）计算机病毒的危害

计算机病毒能将自身传染给其他程序，并能破坏计算机系统的正常工作，如使系统不能正常引导，使程序不能正常执行，使文件莫名其妙地丢失，使计算机经常死机、蓝屏等。

计算机病毒一般具有破坏性、隐蔽性、潜伏性。

3）计算机病毒的防治

就目前的技术而言，还没有一个万全的方法来防治计算机病毒。除了培养计算机使用者的个人安全意识和良好的用机习惯以外，主要是使用防病毒及杀毒软件进行计算机病毒的防治，可选择360安全卫士等软件保护系统安全。

互联网的基础是连接服务商、商家、用户的网络设施，常见的有有线和无线两种方式，有线方式往往需要配置联网和上网设备的网络IP地址，无线方式除用"移动数据"方式联网外，无线小型局域网联网时，需要选择联网站点的名称和口令。域名管理系统是解决用户IP地址不宜被记忆问题而设置的一套分层次的、网址符号化的命名方式，它必须由域名解析服务器解析后才能访问相应的站点。网络安全是值得注意的问题，在保证自己不实施妨碍网络安全的行为的前提下，更重要的是要防范网络黑客的网络侵犯。

本章小结

本章主要介绍了互联网的相关知识，主要有以下要点：

（1）互联网（又称计算机网络）是指将若干地理位置不同并具有独立功能的多个计算机，或嵌入CPU芯片的智能终端，通过通信设备和传输线路连接起来，实现信息交换和资源共享的系统。常见的互联网服务有WWW、即时通信、电子邮件、信息搜索、论坛、博客、FTP、TELNET等。互联网使用的协议为TCP/IP，IP负责数据传输，TCP确保信息的正确传输。IPv4地址为32 bit，IPv6地址空间为128 bit。一般使用域名系统解决IP地址难以记忆的问题。

（2）无线通信技术主要有1G、2G、3G、4G、5G，逐步从单一通话向以数据通信为主转移。基于无线移动通信技术的移动互联网已成为日常生活所必需。

（3）网络的安全问题包含网络的系统安全和网络的信息安全两方面内容，网络安全泛指网络系统的硬件、软件及其系统中的数据受到保护，网络服务不中断。网络安全技术包括密码技术、身份认证技术、防火墙技术等。

练习题

1. 什么是互联网？
2. TCP/IP中TCP和IP是如何分工合作的？
3. IP地址和域名有什么关系？
4. 无线通信技术有哪几类？其用途和性能有何不同？
5. 网络安全技术主要有哪些？

第5章

数据库系统

人都是逼出来的，每个人都是有潜能的，生于安乐，死于忧患，所以，当面对压力的时候，不要焦躁，也许这只是生活对你的一点小考验，相信自己，一切都能处理好，逼急了好汉可以上梁山，时势造英雄，穷则思变，人只有压力才会有动力！

——马云

软件开发都是按照一定的开发框架进行的，一般需要设计用户界面的呈现层次和内容布局方式、数据的存储模式，以及二者之间数据流的逻辑控制。这就是人们通常说的 MVC 软件开发架构（又叫软件开发模式），它是模型（Model）—视图（View）—控制器（Controller）的缩写，它是一种软件设计规范，用一种业务逻辑、数据、界面显示分离的方法来组织代码，三部分既相互联系又相对独立，比较好地解决了软件开发的分工合作问题。

（1）视图是最上面的一层，是直接面向最终用户的交互界面，是程序的外壳。

（2）模型是最底下的一层，这里模型主要指数据模型，核心是数据的组织管理，是程序操作的对象。

（3）控制器是中间的一层，它是视图层和模型层的联系纽带，负责根据用户从视图层输入的指令，完成对模型层中数据的操作，对用户从模型层获取的数据，也要负责传输到视图层呈现给用户，实现用户对数据的处理要求，并看到数据处理的结果。

MVC 软件开发架构的优点如下：

（1）分工明确：使用 MVC 软件开发架构可以把数据库开发、程序界面开发、程序业务逻辑开发有效分离，以安排不同的人员完成不同的任务，分工合作完成总体任务。每一层都相对独立，以方便后续的代码维护。

（2）松耦合：MVC 软件开发架构使视图层、数据层和业务层任务有机分离，相对独立，这样可以降低层与层之间的依赖，一个层的变动一般不会对另一个层造成大的影响，这样就降低了各层之间的耦合度，方便程序的开发和维护。

（3）复用性高：像多个视图能够共享一个数据模型，不论视图层是用 Web 界面还是手机 wap 界面，只要提取的数据是一样的，就可以用同一个数据模型来处理，以最大化地复用数据模型代码，提高代码的重复利用率和开发效率，还有利于程序的标准化。

本章及以后两章将针对 MVC 软件开发架构的模型、控制器、视图的相关内容分别作介绍。

5.1 数据库概述

现代社会，越来越多的政府部门、企事业单位使用计算机进行各类管理工作。比如一所高校，教务部门有教务管理系统，学工部门有学生管理系统，财务部门有财务管理系统，整个学校还有办公自动化系统等。在这一系列系统中，数据库技术是其核心技术。数据库技术所研究的主要问题就是如何科学地组织、存储数据，如何高效地获取、处理和使用数据。

数据库技术产生于 20 世纪 60 年代末，是数据管理的有效技术，是计算机科学的重要分支。数据库技术是信息系统的核心和基础，它的出现极大地促进了计算机应用向各行各业的渗透。如今，数据库的建设规模、数据库信息量的大小和使用频度已成为衡量一个国家信息化程度的重要标志。

5.1.1 数据管理技术的产生和发展

数据库技术并不是在计算机诞生初期产生的，事实上，它是随着计算机技术（硬件、软件）的不断发展，为满足用户对数据管理的更高层次的需要而出现的。所谓数据管理指的是对数据进行分类、组织、编码、存储、检索和维护。从计算机技术产生到现在，数据管理技术大致经历了 3 个发展阶段。

1. 人工管理阶段

该阶段指 20 世纪 60 年代以前，这一时期的计算机功能比较简单，主要用于科学计算。计算机的外存储设备只有磁带和卡片等，在计算机软件系统方面，还没有操作系统，也没有数据库系统等专门的数据管理软件，只有汇编语言。由于缺乏软件系统的支持，数据管理的工作由程序员自己组织，自己开发应用程序来完成。在应用程序中不仅要规定数据的逻辑结构，还要设计数据的物理结构。

人工管理阶段应用程序和数据之间的关系如图 5-1 所示。

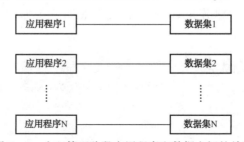

图 5-1　人工管理阶段应用程序和数据之间的关系

2. 文件管理阶段

该阶段指20世纪60年代早期到20世纪60年代后期。在这个时期，计算机开始大量用于非数值计算，磁盘、磁鼓等存储设备的出现大大增强了计算机的存取能力。在软件方面，出现了操作系统，数据以文件的形式由操作系统的专门软件—文件管理系统进行统一管理。

文件管理阶段应用程序和数据之间的关系如图5-2所示。

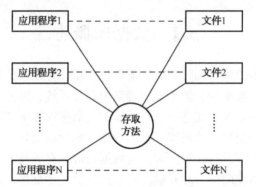

图5-2　文件管理阶段应用程序和数据之间的关系

3. 数据库管理阶段

20世纪60年代后期至今，由于计算机技术迅速发展，磁盘存储技术取得重要进展，计算机更广泛地应用于管理工作。数据量的剧增对数据管理提出了更高的要求，人们希望数据具有更高的独立性与共享性。文件管理技术已经不能适应上述要求。为了进一步减少数据冗余，满足多用户、多应用程序的数据独立与高度共享的需求，使数据为尽可能多的应用程序服务，出现了统一管理数据的专门软件系统——数据库管理系统。

数据库管理阶段应用程序（用户）和数据之间的关系如图5-3所示。

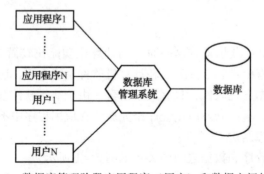

图5-3　数据库管理阶段应用程序（用户）和数据之间的关系

5.1.2　数据库相关概念

1. 数据

数据（data）是指存储在某一种媒体上用于描述事物的符号记录，它是数据库中存储的基本对象。数据的种类很多,文字、图形、图像、音频、视频等都是数据。数据在一般意义上被认为是对客观事物特征所进行的一种抽象化、符号化表示。例如,某个学生的学号是"20150000001",姓名是"张三",籍贯是"济南",这里的"20150000001""张三""济南"都是数据。

数据是现实生活中的事物在计算机系统中的反映,因数据种类繁多,人们大致把在计算机中存储的数据分为3类:结构化数据、半结构化数据和非结构化数据。

结构化数据是由类似二维表结构来逻辑表达和表现的数据,严格地遵循数据格式与长度规范,如日常的各类数据报表等。

非结构化数据是数据结构不规则或不完整、没有预定义的数据模型、不方便用二维逻辑表来表现的数据,如办公文档、文本、图片、各类报告、图像、音频和视频信息等。

半结构化数据是介于结构化数据和非结构化数据之间的数据,如XML、HTML文档就属于半结构化数据。它一般是自描述的,数据的结构和内容混在一起,没有明显的区分。

本章主要介绍结构化数据的组织和管理方法,这也是政府、企事业单位管理信息系统进行数据管理的主要手段。

2. 数据库

数据库(Database,DB)可以直观地理解为存放数据的仓库,只不过这个仓库在计算机内,同时仓库中的数据必须按一定的规则存放。想象一座图书馆,如果馆内图书杂乱无章地摆放,图书管理员将很难给读者查找图书,这样的图书馆是无存在价值的。数据库也是如此,必须把数据按照一定的规则组织并存储起来,以供众多数据用户长期、方便地使用。所以一般认为数据库是长期储存在计算机内、有组织的、可共享的大量数据的集合。

3. 数据库管理系统

如果把数据库看作一个仓库,里面存放着数据,那么数据库管理系统(Database Management System,DBMS)就是这个仓库的保管员,负责数据的搬进、整理和搬出。其实,数据库管理系统是在计算机操作系统和用户之间的一层数据管理软件,它能有效地获取、组织、存储和管理数据,同时接受和完成用户提出的访问数据的各种请求。数据库管理系统软件通常由专门的公司提供,一般程序开发人员只需要会使用即可。

作为仓库的保管员,数据库管理系统要做的事情很多,比如检查输入的数据是否合乎要求、考虑数据如何摆放最好、如何更快地找到用户所需要的数据并将之提取出来、确保数据不被"坏人"提走等。有些时候可能会有多个人来提货,为了提高效率就可以一次拿几张单子,顺路把需要的货都取出来。因此,数据库管理系统的主要功能包括以下几个方面。

1)数据定义功能

数据库管理系统提供了数据定义语言(Data Definition Language,DDL),用户通过它可以方便地定义数据库中的数据对象。

2)数据的组织、存储和管理功能

用户通过数据库管理系统可以确定组织数据的文件结构和存取方式,同时实现数据之间的联系,在此基础上分类组织、存储和管理各种数据。

3）数据操纵功能

数据库管理系统提供了数据操纵语言（Data Manipulation Language，DML），用户通过它可以实现对数据库的基本操作，如查询、插入、删除和修改等。

4）数据控制功能

数据库在建立、运行和维护时由数据库管理系统统一管理和控制，包括保证数据的安全性、完整性，多用户对数据的并发使用，发生故障后的系统恢复等。其中安全性控制是为了保证数据库中的数据是安全可靠的，不会被非法用户窃取和破坏；完整性控制是为了保证数据库中的数据在逻辑上是一致的、正确的、有效的、相容的；并发控制是指当多个用户同时存取同一数据的时候保证数据存取的正确性、一致性；数据库的恢复机制则是指当某种原因数据库遭到破坏时，数据库管理系统能把数据库从错误状态恢复到正确状态。

5）其他功能

其他功能包括数据库管理系统与网络中其他软件系统的通信、数据库管理系统之间的数据转换、异构数据库之间的互访和互操作、自身的性能监视和分析等。

4. 数据库系统

在计算机系统中引入数据库以后，会形成一个以数据库应用为基础的计算机系统，称为数据库系统（Database System，DBS）。数据库系统一般由数据库、数据库管理系统、应用开发工具、应用系统、数据库管理员和用户构成，如图 5 - 4 所示。应当指出的是，数据库的建立、使用和维护等工作只靠一个数据库系统远远不够，还要有专门的人员来完成，这些人称为数据库管理员（Database Administrator，DBA）。

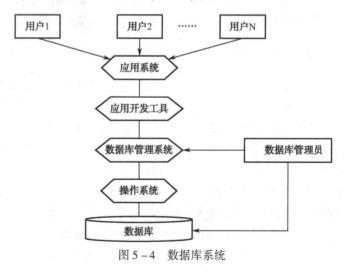

图 5 - 4 数据库系统

5.2 基于关系数据模型的数据库

现有的数据库均是以某种数据模型为基础的。模型是对现实世界特征的模拟和抽象，例如一架飞机的模型、一座大楼的模型。数据模型也是一种模型，它是对现实世界中数据特征的抽象。

5.2.1 数据模型

数据模型是数据库中用来提供信息表示和操作手段的形式构架。随着数据库学科的发展，数据模型的概念也逐渐深入和完善。早期，一般仅把数据模型理解为数据结构。其后，在一些数据库系统中，则把数据模型归结为数据的逻辑结构、物理配置、存取路径和完整性约束条件4个方面。现代数据模型的概念则认为数据结构只是数据模型的组成成分之一。数据的物理配置和存取路径是关于数据存储的概念，不属于数据模型的内容。此外，数据模型不仅应该提供数据表示的手段，还应该提供数据操作的类型和方法以及数据的完整性约束条件。

层次模型、网状模型和关系模型是3种重要的数据模型，这3种模型是按其数据结构而命名的，现阶段大多数数据库管理系统使用的是关系模型。

5.2.2 关系数据库

基于关系数据模型的数据库就是关系数据库。一个关系数据库由若干个关系组成，每个关系用来描述实体属性，以及实体之间的关系，每个关系以二维表的形式组织数据。

1. 关系模型中的一些术语

（1）关系（relation）：一个关系对应一张二维表，如表5-1所示，它是描述一组具有共同属性的学生实体信息的表格。

表 5-1　学生信息表

学号	姓名	性别	专业	年龄
20150000001	张三	男	软件技术	18
20140000008	李四	女	电子商务	20
……	……	……	……	……
20150000102	王五	男	自动化	19

（2）元组（tuple）：表中的一行即一个元组，如表5-1中每个学生的一行信息就是一个元组。

（3）属性（attribute）：表中的一列即一个属性，给每一个属性起一个名称即属性名。如表5-1有5列，对应5个属性（学号、姓名、性别、专业、年龄）。

（4）主码（key）：表中的某个属性（组），可以唯一确定一个元组，如表5-1中的学号，可以唯一确定一个学生，就称为本关系的主码。

（5）域（domain）：属性的取值范围，如"性别"的域是（男，女），专业的域是一个学校所有专业名称的集合。

（6）分量：元组中的一个属性的值，如"张三"就是第一个元组的"姓名"属性的值，"20150000001"是"学号"属性的值。

（7）关系模式：对关系的描述，一般表示为：关系名（属性1，属性2，属性3，……，属性n）。表5-1的关系模式可写为：学生信息表（学号，姓名，性别，专业，年龄）。

2. 关系数据库的主要特点

（1）一个关系（表）由行与列组成。一个数据库可由若干个与管理业务相关的关系组成。

（2）一个关系中同列（同一属性）的所有分量是相同类型的元素，如表5-1中的学号都是由年代和专业班级编码的11位数字组成，年龄都是整数数字。

（3）用户能方便地检索、查询表里的数据集。

（4）用户能把相关的表链接在一起，联合查询，以便检索存储在不同表中的数据。

3. 关系数据库中的一个关系的限制

（1）关系中没有重复元组，任一元组在关系中都是唯一的。

（2）元组的顺序可以任意交换。

（3）属性的顺序可以任意交换。

（4）属性必须具有不同的属性名，不同的属性取值可来自同一个域，同一属性名下的属性值（同列）属于同一数据类型，且来自同一个域。

（5）所有的属性值都是原子的，所谓原子的就是不能再分的，如表5-2中的"工资"和"扣除"作为属性就不符合关系模式的要求，设计数据库中的表时也就不能将之作为单独字段使用。另外，实发数也不是原子的，也不能作为一个关系的属性，因为它是按照公式"实发=基本工资+课时费+班主任费-水电费-房租"算出来的，所以它也不是原子属性。

表5-2 教师工资表

职工号	姓名	职称	工 资			扣 除		实发
			基本工资	课时费	班主任费	水电费	房租	
00123	张三	讲师	1 200	800	300	50	150	2 100
……	……	……	……	……	……	……	……	……

5.2.3 关系数据库设计举例

案例：建立学校学生成绩管理系统数据库。

（1）任务分析：

实体是数据库研究中对同一类事物的称呼，学生成绩管理系统涉及3个实体：学生、课程、教师。

需要强调的是实际学校学生成绩管理系统要复杂得多，每个实体研究的属性也是不一样的，在这里介绍的实体、属性、关系，只是一个简化的案例，力求通过该案例的学习，了解数据库的提炼和设计过程，对于具体信息管理项目的开发，要深入管理对象的工作场景，进行细致入微的调查研究，才能设计出符合用户要求的数据库系统。

这里确定的每个实体的属性如下：

①学生（学号，姓名，性别，班级）；

②课程（课号，课程名，学分，周学时）；

③教师（教师号，姓名，性别，学院，专业）。

（2）画出 E-R 图（实体关系图），如图 5-5 所示。图中的 n：m 代表两实体之间的关系是多对多的关系，如果是一对多的关系则写成 1：n，若是一对一的关系则写成 1：1。

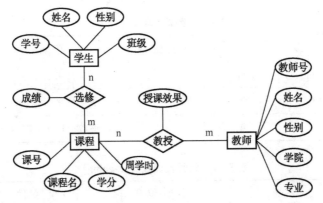

图 5-5 学生成绩管理系统 E-R 图

（3）建立数据库中的数据表。

①每个实体建立一张表：学生表（student）、教师表（teacher）、课程表（course）。

②每个有属性的关系建立一张表：修课成绩表（score）、教师授课表（teaching）。

这 5 张表就组成了学生成绩管理系统数据库，各表的物理结构见表 5-3～表 5-7。

表 5-3 学生表（student）

字 段 名	类 型	长 度	小 数 位 数	约 束 条 件	举 例
学号	字符	11	—	不空	20150200101
姓名	字符	10	—	不空	补原普
性别	字符	2	—	不空	男
班级	字符	20	—	—	2015 计算机 1 班

表 5-4 教师表（teacher）

字 段 名	类 型	长 度	小 数 位 数	约 束 条 件	举 例
教师号	字符	5	—	不空	00413
姓名	字符	10	—	不空	张万民
性别	字符	2	—	不空	男
学院	字符	30	—	—	信息工程学院
专业	字符	26	—	—	计算机科学与技术

表 5-5　课程表（course）

字　段　名	类　型	长　度	小 数 位 数	约 束 条 件	举　例
课号	字符	7	—	不空	B080201
课程名	字符	20	—	不空	计算机导论
学分	数字	3	1	—	2.0
周学时	数字	2	0	—	2

表 5-6　修课成绩表（score）

字　段　名	类　型	长　度	小 数 位 数	约 束 条 件	举　例
学号	字符	11	—	不空且来自学生表	20150200101
课号	字符	7	—	不空且来自课程表	B080201
成绩	数字	4	1	3 位整数、1 位小数的正数	99.9

表 5-7　教师授课表（teaching）

字　段　名	类　型	长　度	小 数 位 数	约 束 条 件	举　例
教师号	字符	5	—	不空且来自教师表	00413
课号	字符	7	—	不空且来自课程表	B080201
授课效果	数字	4	1	3 位整数、1 位小数的正数	99.9

注意：该数据库设计还很不完善，距实际应用还有一定距离，比如无法查询"2015—2016 学年第 1 学期"的学生成绩和教师的授课质量状况，因为在设计数据库相关表格时没有涉及学期的相关信息。如果在"修课成绩表"和"教师授课表"中增加一个学期字段就能较好地解决这一问题。所以设计数据库是一个充分调研、仔细分析、周密设计的工作，容不得半点粗心和马虎。

5.3　常用的关系数据库管理系统

1970 年，IBM 公司的研究员，有"关系数据库之父"之称的 E. F. Codd 创建了关系模型。由于关系模型简单明了、具有坚实的数学理论基础，所以一经推出就受到了学术界和产业界的高度重视和广泛响应，并很快成为数据库市场的主流。关系数据库逐渐取代了网状模型和层次模型的数据库，占据了数据库市场的大部分份额。20 世纪 80 年代以来，计算机厂商推出的数据库管理系统几乎都支持关系模型，数据库领域的研究工作大都以关系模型为基础。

1. Access

Access 是由微软公司发布的关联式小型数据库管理系统，是 Office 家族的成员之一。由于它缺乏数据库触发和预存程序，比较适合简单的数据管理和开发简单的 Web 应用程序。

2. SQL Server

SQL Server 最初是由微软、Sybase 和 Ashton – Tate 三家公司共同开发的关系型数据库，于 1988 年推出了第一个针对 IBM 计算机操作系统 OS/2 的版本。目前一些使用微软操作系统的应用系统多采用该数据库管理系统，它是一款使用面比较广的数据库管理系统。

3. Oracle

Oracle 是由 Oracle 公司推出的数据库管理系统。该数据库管理系统有无限可伸缩性、高可用性、高安全性、商业智能特性等，并可在集群环境中运行商业软件，特别适合大型业务的开发和运营。

4. MySQL

MySQL 是一个小型关系数据库管理系统，开发者为瑞典 MySQL AB 公司，它先被 Sun 公司收购，后 Sun 公司又被 Oracle 公司收购。由于其体积小、速度快、总体拥有成本低，且开放源码，许多中小型网站为了降低网站总体成本而选择 MySQL 作为网站数据库管理系统。

5. DB2

DB2 是 IBM 公司的产品，是一个多媒体、Web 关系数据库管理系统，其功能足以满足大中型公司的需要，并可灵活地服务于中小型电子商务解决方案。1968 年 IBM 公司推出的 IMS（Information Management System）是层次数据库系统的典型代表，是第一个大型的商用数据库管理系统。1970 年，IBM 公司的研究员首次提出了数据库系统的关系模型，开创了数据库关系方法和关系数据理论的研究，为数据库技术奠定了基础。DB2 的另一个非常重要的优势在于基于 DB2 的成熟应用非常丰富。2001 年，IBM 公司兼并了世界排名第四的著名数据库公司 Informix，并将其所拥有的先进特性融入 DB2，使 DB2 的性能和功能有了进一步提高。DB2 主要应用于 IBM 公司提供整体方案的企业管理之中，在 IBM 公司以外的开发者中应用相对较少。

6. DM

DM（达梦数据库管理系统）是武汉达梦数据库有限公司推出的具有完全自主知识产权的高性能数据库管理系统。它采用全新的体系架构，在保证大型通用的基础上，针对可靠性、高性能、海量数据处理和安全性作了大量的研发和改进工作，极大提升了产品的可靠性、可扩展性，能同时兼顾 OLTP（联机事务处理）和 OLAP（联机分析处理）请求。

7. KingbaseES

KingbaseES（金仓数据库管理系统）是北京人大金仓信息技术股份有限公司经过多年努力而研制开发的具有自主知识产权的通用关系数据库管理系统。KingbaseES 是一个大型通用跨平台系统，可以安装和运行于 Windows、Linux、Solaris 以及 AIX 等多种操作系统平台。

5.4 数据库的新发展

从 20 世纪 80 年代以来，数据库技术在商业领域取得了巨大成功，这也刺激了其他领域对数据库技术的需求迅速增长。新一代数据库系统以更丰富的数据模型和更强大的数据管理功能为特征，满足了更加广泛和复杂的应用要求。

（1）数据库技术与其他相关技术相互渗透，形成了具有特定技术特色的数据库系统。

①数据库技术与分布处理技术相结合，出现了分布式数据库系统。

分布式数据库系统（DDBS）包含分布式数据库管理系统（DDBMS）和分布式数据库（DDB）。在分布式数据库系统中，一个应用程序可以对数据库进行透明操作，数据库中的数据分别在不同的局部数据库中存储、由不同的数据库管理系统进行管理、在不同的机器上运行、由不同的操作系统支持、被不同的通信网络连接在一起。

②数据库技术与并行处理技术相结合，出现了并行数据库系统。

并行数据库系统（Parallel Database System）是新一代高性能的数据库系统，并行数据库系统的目标是高性能和高可用性，通过多个处理节点并行执行数据库任务，提高整个数据库系统的性能和可用性。

③数据库技术与人工智能技术相结合，出现了知识库系统。

知识库系统是一个具有用所存储的知识对输入数据进行解释，生成作业假说并对其进行验证功能的系统。为了克服数据库模型在表达能力方面的不足并加强语义知识成分，使数据库具有推理能力，科学家们将数据库系统和人工智能的研究，形式语言、自然语言处理方面的研究，汇聚到一起形成知识库系统的研究、开发与应用。

④数据库技术与多媒体技术相结合，出现了多媒体数据库系统。

多媒体数据库系统是数据库技术与多媒体技术结合的产物。多媒体数据库系统不是对现有的数据进行界面上的包装，而是从多媒体数据与信息本身的特性出发，改进数据库管理技术，方便声音、图像、视频等多媒体数据的管理和应用。

⑤数据库技术与模糊技术相结合，出现了模糊数据库系统。

模糊数据库系统指能处理模糊数据的数据库系统。人们一般遇到的数据库都是具有二值逻辑的精确数据。但是，在现实生活中还有很多不确定的模糊不清的事情。人的大脑也是偏向于处理一些模糊事件，对这些模糊事件更感兴趣。当事物太清楚地展示在人们面前时，大脑往往失去了对事物进行探索的欲望。把不完全性、不确定性、模糊性引入数据库系统中，从而形成模糊数据库系统。

⑥数据库技术与云计算技术相结合，出现了云数据库系统。

云数据库系统是指被优化或部署到一个虚拟云计算环境中的数据库系统，具有按需付费、按需扩展、高可用性以及存储整合等优势。云数据库系统有实例创建快速、支持只读实例、故障自动切换、数据备份、访问白名单、监控与消息通知等特性。

（2）数据库技术应用到特定领域，形成了具有特殊用途的数据库系统。

①数据库技术应用在经理信息系统（EIS）、决策支持系统（DSS）中，出现了数据仓库（Data Warehouse）。

数据仓库是为企业所有级别的决策制定过程，提供所有类型数据库支持的战略集合。它为需要业务智能的企业，提供指导业务流程改进、监视时间、成本、质量以及控制，向企业领导提供决策支持服务。

②数据库技术应用在计算机辅助设计（CAD）、计算机辅助制造（CAM）、计算机集成制造（CIM）中，出现了工程数据库。

工程数据库，也可称为 CAD 数据库、设计数据库或技术数据库等，是指能满足人们在工程活动中对数据处理要求的数据库。理想的 CAD/CAM 系统，应该是在操作系统的支持下，以图形功能为基础，以工程数据库为核心的集成系统。从产品设计、工程分析直到制造过程活动中所产生的全部数据都应存储、维护在同一个工程数据库环境中。

③数据库技术应用在计划、统计领域，出现了统计数据库。

统计数据库是指对统计数据进行存储、统计、分析的数据库。研究统计数据库的目的，就是根据统计数据的基本属性，以及统计数据处理的性质任务，构建一种符合统计数据处理基本要求的统计数据管理模式。

④数据库技术应用在地理空间领域，出现了空间数据库。

空间数据库是某区域内关于一定空间要素特征的数据集合，是地理信息系统（GIS）在计算机物理介质上存储的与应用相关的空间数据总和。其一般以一系列特定结构的文件的形式组织在存储介质之上。空间数据库的研究始于 20 世纪 70 年代的地图制图与遥感图像处理领域，其目的是有效地利用卫星遥感资源迅速绘制出各种经济专题地图。传统的关系数据库在空间数据的表示、存储、管理、检索上存在许多缺陷，从而形成了空间数据库这一数据库研究领域。

● 本章小结

本章主要介绍了数据库系统的相关知识，主要有以下要点：

（1）基本概念：数据、数据库、数据库管理系统、数据库系统等。

（2）数据管理技术的发展：人工管理、文件管理、数据库管理3个阶段。

（3）关系模型的基本术语：关系、元组、属性、主码、域、分量、关系模式等。

（4）常用的关系数据库管理系统有：Access、SQL Server、Oracle、MySQL、DB2、DM、KingbaseES 等。

（5）数据库技术的发展：数据库技术与其他相关技术相互渗透，数据库技术应用在特定领域中，形成了新一代数据库系统。

● 练习题

1. 论述数据库系统的构成。

2. 结合表 5-8，论述对关系模型相关术语的理解，如关系、元组、属性、主码、域、分量、关系模式等。

表 5 - 8 学生成绩表

学号	姓名	班级	学业成绩			思品成绩		体育成绩
			数学	英语	信息技术	平时表现	期末考试	
00121	张三	计算机1	80	75	90	85	80	95
00122	李四	计算机2	77	88	99	90	90	80
…	…	…	…	…	…	…	…	…

3. 结合班级实际，画出读者所在班的班级管理 E - R 图（提示：班级管理的内容、实体及属性由读者确定）。

第6章

软件与程序设计

«««««

知识目标

（1）了解程序、软件的概念；

（2）了解程序设计语言、编程工具；

（3）重点理解程序设计过程和原理；

（4）了解数据结构和软件工程的内涵。

好代码本身就是最好的文档。当你需要添加一个注释时，你应该考虑如何修改代码才能不需要注释。

——Steve McConnell［《代码大全》（Code Complete）作者］

随着信息技术的迅速普及，各种联网设备的性能和柔性不断增强，更多的功能是由其中装载的软件来决定，即所谓的软件定义功能。例如，高铁的列车控制软件有数百万行代码，特斯拉 S 轿车的软件有 4 亿行代码，空客飞机软件有 10 亿行代码，而人们经常使用的操作系统 Windows 7 也有 5 000 万行代码。程序代码已经成为万物互联的主要生产力。

所谓软件定义，就是用软件去定义系统的功能，用软件给硬件赋能，实现系统运行效率和能量效率最大化。软件定义的本质就是在硬件资源数字化、标准化的基础上，通过软件编程实现灵活性、多样性、虚拟化和定制化的功能，对外提供客户化的专用智能化、定制化的服务，实现应用软件与硬件的深度融合。其核心是应用程序接口（Application Programming Interface，API）。API 解除了软、硬件之间的耦合关系，推动应用软件向个性化方向发展、硬件资源向标准化方向发展、系统功能向智能化方向发展。API 之上，一切皆可编程；API 之下，"如无必要，勿增实体"。

软件定义有三大特点（发展趋势），即硬件资源虚拟化、系统软件平台化、应用软件多样化。硬件资源虚拟化是指将各种实体硬件资源抽象化，打破其物理形态的不可分割性，以便通过灵活重组、重用发挥其最大效能。系统软件平台化，是指通过基础软件对硬件资源进行统一管控、按需配置与分配，并通过标准化的编程接口解除上层应用软件和底层硬件资源之间的紧耦合关系，使其可以各自独立演化。在成熟的平台化系统软件解决方案的基础上，应用软件不受硬件资源约束，将得到可持续的迅猛发展，整个系统将实现更多的功能，对外提供更为灵活高效和多样化的服务。软件定义的系统将随着硬件性能的提升、算法效能的改进、应用数量的增多，逐步向智能系统演变。

6.1 软件的相关概念

计算机系统由硬件系统和软件系统两大部分组成（参见图3-2）。硬件系统通常指构成计算机的设备实体。理论上，一台计算机的硬件系统由5个基本部分组成：运算器、控制器、存储器、输入设备和输出设备。

软件系统由一系列功能各异的软件构成，软件是按照特定顺序组织的计算机数据和指令的集合。软件又分为系统软件和应用软件。系统软件由操作系统、编译软件、支撑软件等组成。操作系统实施对各种软、硬件资源的管理控制。编译软件的功能是把用户用汇编语言或某种高级语言所编写的程序，翻译成机器可执行的机器语言。支撑软件有接口软件、工具软件、环境数据库等，它能支持用户机器的环境，提供软件研制工具。应用软件是为方便用户所设计和开发的软件，如文本编辑软件等，它借助系统软件和支撑软件来运行，是软件系统的最高层、最外层，是一般用户直接接触和使用的软件，如手机上的各种APP等。

1. 指令

计算机能根据人们预定的安排，自动地进行数据的快速计算和加工处理。这里，人们预定的安排是通过一连串指令（操作者的命令）来表达的。通常，由计算机所能识别的一组不同指令的集合，称为该计算机的指令集合或指令系统。每一台计算机的指令系统是在其CPU设计之初就确定的，其中每一条指令基本由二进制位组成的操作码和操作数组成，每一条指令指挥CPU完成一个基本操作（如两个数作一次加法运算等）。逻辑上相关的、按照顺序要求由多条指令组成的指令序列称为程序，它可让计算机完成一个完整的任务。

2. 软件和程序

计算机每做一次动作、执行一个步骤、进行一次计算，都是按照已经用计算机语言编好的程序来完成的，程序是计算机要执行的指令的集合，是由程序员用掌握的语言来编写的。要控制计算机，一定要通过计算机语言向计算机发出命令。

人们广为接受的一种说法：软件 = 程序 + 文档。

由此可见，程序是软件的重要组成部分。软件除包含程序外，一般把开发、使用和维护所需要的所有文档等也包括在内。一般情况下软件和程序可认为是一回事。另一种说法，软件是由许多程序组合而成的。程序是由编程人员通过某种编程语言编写出来的能实现某些固定任务的代码。

3. 计算机软件的工作过程

计算机软件在运行时，先把程序变成机器语言指令集调入内存，从内存中取出第一条指令，通过控制器的译码，按指令的要求，从存储器中取出数据进行指定的运算和逻辑操作等加工，然后再按地址把结果送到内存中去。接下来，再取出第二条指令，在控制器的指挥下完成规定操作，依此进行下去，直至遇到停止指令。

6.2 编程语言与编程环境

编程语言就是程序设计语言，是人和计算机之间沟通的工具，类似人和人之间使用同一种自然语言。人要控制计算机，与计算机交流，就要通过人和计算机共同约定的编程语言给计算机下命令。计算机是由人制造出来的，编程语言也是由人来定义的，编程语言是在不断提高和发展的，为了提高编程效率，计算机程序设计语言越来越接近自然语言（如英语），人们还发明了许多辅助编程工具、辅助程序生成工具，用这些工具会大幅度提高程序员的编程效率。需要强调的是，只有机器语言是计算机运算器件直接认识、识别和执行的程序设计语言，其他编程语言编写的程序必须先转变成机器语言才能被执行，一般由语言解释程序和编译程序来完成。对于自然语言能否被计算机接收、理解和执行，一些前沿科学家一直在进行有益的尝试，尽管现代的技术已经让计算机能听懂人类的自然语言，但是用人类的自然语言编程，还有很长的路要走。

6.2.1 编程语言

计算机编程语言的种类非常多，总的来说可以分成机器语言、汇编语言、高级语言三大类。

1. 机器语言

机器语言是用二进制代码表示的、计算机能直接识别和执行的机器指令系统的集合。它是计算机的设计者通过计算机的硬件结构赋予计算机的操作功能。用机器语言编出的程序是 0 和 1 的指令代码，直观性差，容易出错。

下面以 IBM - PC 兼容机（或叫 x86 系列计算机）的指令为例，展示机器语言指令、汇编语言指令，以对机器语言、汇编语言有初步的了解。了解完整的机器指令系统、汇编语言指令系统可参考相关文献资料。

例如，实现 "2 + 3" 的机器语言程序语句如下：

1011 0000　00000010　对应十六进制数：B0 02
　　把 "2"（二进制 0000 0010）存到寄存器 AL 中。最前面的 "10110000" 是传送指令操作码。
1011 0010　00000011　对应十六进制数：B2 03
　　把 "3"（二进制 0000 0011）存到到寄存器 DL 中。最前面的 "10110010" 是传送指令操作码。
0000 0000　11000010　对应十六进制数：00 C2
　　把寄存器 DL 中的数值 3 与寄存器 AL 中的数值 2 相加，将结果存到寄存器 DL 中。最前面的 "00000000" 是加法指令操作码。

2. 汇编语言

汇编语言的实质和机器语言是相同的，都是直接对应硬件操作，只不过指令采用英文缩写的标识符，更容易识别和记忆。汇编语言程序必须通过汇编专用翻译软件将汇编语言程序翻译成机器语言程序代码后，才能像机器语言程序一样执行。

例如，实现"2+3"的汇编语言程序语句如下：

> MOV AL,2　把"2"的值送到寄存器 AL 中，"MOV"是传送指令；
> MOV DL,3　把"3"的值送到寄存器 DL 中，"MOV"是传送指令；
> ADD DL,AL　把寄存器 DL 中的数值"3"与寄存器 AL 中的数值"2"相加,将结果存到寄存器 AL 中,
> 　　　　　　"ADD"是加法指令。

用 DEBUG 汇编软件调试上述程序的演示结果如图 6-1 所示。

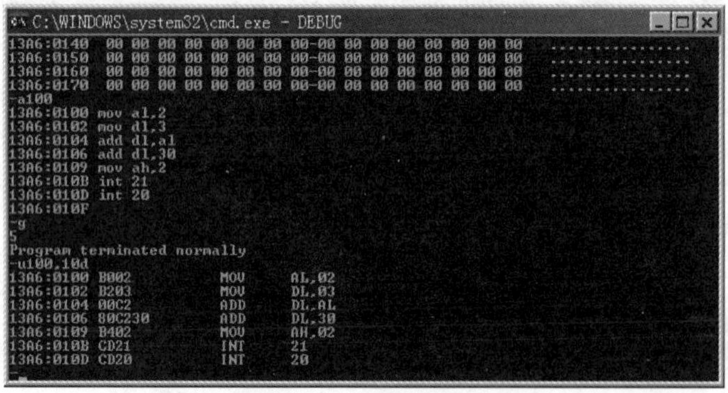

图 6-1　演示结果

注意：图中，"−"是进入 DEBUG 的命令提示符，a100 是从 100 地址（十六进制表示的段内地址）开始编写汇编语言程序的意思，其后可输入汇编程序代码，通常是从 100 单元开始编程。前 3 句上面已介绍，后面的"mov ah , 2"和"int 21"（中断）是显示寄存器 al 中结果（按 ASCII 码显示）的意思，"int 20"是结束程序运行的指令。其后的"g"是运行上述程序的意思，其下一行的"5"就是程序的运行结果。

接下来的"u100,10d"是把 100 ~ 10d 地址范围内的内容，按汇编语言代码的形式显示出来，即所谓的反编译。

提示：程序代码前的单元地址分为两部分，即"段地址：段内偏移地址"。以图 6-1 为例，段内 100 号地址，其真实地物理地址 = 段地址（13A6H）* 10H + 段内偏移地址（0100H）= 13B60H。

值得注意的是，同样是这段程序代码，用数据格式显示出来则如图 6-2 下半部分所示。

由图 6-2 可以看出，同样的二进制（这里是十六进制表示）数字，可以看成程序（图 6-2 上半部分），也可以看成数据（图 6-2 下半部分，"d100"的含义是按数字格式显示 100 号单元开始后的内容）。这也是冯·诺依曼体系结构中"数据和程序是一体"编程思想的体现。图 6-2 倒数第 2 行中"q"是退出 DEBUG 程序的命令。

具体编写汇编语言或机器语言程序的内容可参考相应的文献资料。

3. 高级语言

高级语言更接近自然语言，目前更接近英语，它使用了大量人们常用的英语单词和语法作为编程语言的组成要素，相对于机器语言、汇编语言等低级语言而言更容易认识和理解。

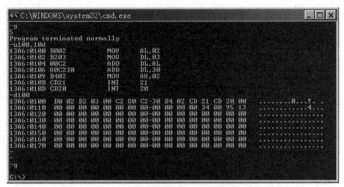

图 6-2　程序与数据

例如，实现"2+3"的高级语言程序语句如下：

| A = 2 + 3; | '把"2+3"的值送到变量 A 中 |

高级语言并不是特指某一种具体的程序设计语言，随着计算机技术的不断发展，诞生了很多种高级语言。所有由高级语言所编写的程序不能直接被计算机识别、执行，其必须转换成机器语言才能被执行，按照转换时机的不同可将它们分为两类：解释类和编译类。

解释类程序在运行时才被翻译成机器语言，每执行一次都要翻译一次，因此效率比较低，比如 Basic 语言。其执行方式类似日常生活中的"同声翻译"，说一句翻译一句。还有一种情况是源代码不是直接翻译成机器语言，而是先翻译成中间代码，再由解释器对中间代码进行解释运行。比如 Python、JavaScript、Perl、Shell 等都是解释型语言。

编译类程序在执行之前，将程序源代码整体翻译成目标代码（机器语言），比如".exe"文件。这时，目标程序可以脱离其编程语言环境独立执行，使用比较方便、效率较高、易保密。就像图书的翻译，整书全部内容翻译完成才能交稿。同时，生成应用程序一旦需要修改，必须先修改源代码，再重新编译生成新的目标文件才能执行，只有目标文件而没有源代码则很难修改，对一般程序员来说几乎是不可能的。如今有很多编程语言都是编译类的，如 C、C++、Delphi 等都是编译类语言。

4. 编程语言热门程度排行榜

表 6-1 所示为 2020 年 3 月 TIOBE 世界编程语言热门程度排行榜前 20 名。

表 6-1　2020 年 3 月 TIOBE 世界编程语言热门程度排行榜前 20 名[①]

排　序	程序设计语言	占比/%
1	Java	17.78
2	C	16.33
3	Python	10.11
4	C++	6.79

---

① 摘编自"TIOBE 发布 2020 年 3 月编程语言排行榜"。

排序	程序设计语言	占比/%
5	C#	5.32
6	Visual Basic . NET	5.26
7	JavaScript	2.05
8	PHP	2.02
9	SQL	1.83
10	Go	1.28
11	R	1.26
12	Assembly language	1.25
13	Swift	1.24
14	Ruby	1.05
15	MATLAB	0.99
16	PL/SQL	0.98
17	Perl	0.91
18	Visual Basic	0.77
19	Objective – C	0.73
20	Delphi/Object Pascal	0.71

高级语言种类比较多，早期的 Fortran 语言（出现于 1954 年，是世界上最早的高级语言，广泛应用于科学和工程计算领域）、Cobol 语言（常用于商业数据处理等领域）、Lisp 语言（善于处理大数据量演算等，用来解决多种混杂数据的问题）等由于功能跟不上时代的发展，逐渐淡出了人们的视线。有些语言，如 C 语言、Visual Basic 语言等由于比较实用，不断被开发者升级，继续保持其在业界的活力。随着硬件技术的不断进步，为了适应新应用软件开发的要求，一些新的语言被建立起来，如 Java、C#、PHP、SQL、Python、Go 等。目前常用的编程语言如下。

1）C 语言

C 语言是一种计算机程序设计语言，它既具有高级语言的特点，又兼有汇编语言的优点。它由美国贝尔研究所的 D. M. Ritchie 于 1972 年推出，1978 年后，C 语言已先后被移植到大、中、小及微型机上，它可以作为工作系统设计语言，编写系统应用程序，也可以作为应用程序设计语言，编写不依赖计算机硬件的应用程序。它的应用范围广泛，具备很强的数据处理能力，不仅在软件开发上，各类科研项目也需要用 C 语言。C 语言适于编写系统软件，目前在单片机以及嵌入式系统开发方面用得较多。

2）Java 语言

Java 语言是一种可以撰写跨平台应用软件的、面向对象的程序设计语言，是由 Sun 公司于 1995 年 5 月推出的 Java 程序设计语言和 Java 平台（即 JavaSE、JavaEE、JavaME）的总称。Java 技术具有卓越的通用性、高效性、平台移植性和安全性，广泛应用于个人计算机、数据中心、游戏控制台、科学超级计算机、移动电话和互联网，同时拥有全球最大的开发者专业社群。

Andriod 是第一个内置支持 Java 的操作系统，Andriod 智能手机应用程序使用 Java 语言编写。随着 Andriod 智能手机的应用深入普及，Java 语言的应用领域也越来越广。在全球云计算和移动互联网的产业环境下，Java 语言具备显著的优势和广阔的应用前景。

3）Python 语言

Python 是一种跨平台的计算机程序设计语言，是结合了解释性、编译性、互动性，面向对象的高层次脚本语言。Python 语言最初被设计用于编写自动化脚本（Shell），随着版本的不断更新和语言新功能的添加，越来越多地被用于独立的、大型项目的开发。Python 语言的一个很大的优势是应用范围广，可借用的开发包特别多，可大幅度提高程序开发效率。

Python 语言的创始人为荷兰人吉多·范罗苏姆（Guido van Rossum）。1989 年圣诞节期间，在阿姆斯特丹，吉多·范罗苏姆为了打发时间，决心开发一个新的脚本解释程序，作为 ABC 语言的一种继承。Python（"大蟒蛇"的意思）取自英国 20 世纪 70 年代播出的电视喜剧《蒙提·派森的飞行马戏团》（Monty Python's Flying Circus）。

由于 Python 语言的简洁性、易读性以及可扩展性，在国外用 Python 语言作科学计算的研究机构日益增多，一些知名大学已经采用 Python 语言教授程序设计课程。例如卡耐基梅隆大学的编程基础、麻省理工学院的计算机科学及编程导论就使用 Python 语言教授。我国的许多大学也将其作为计算机类专业的入门语言来教授。

4）C ++ 语言

C ++ 语言是一种使用非常广泛的计算机编程语言。C ++ 是一种静态数据类型检查的、支持多重编程范式的通用程序设计语言。它支持过程化程序设计、数据抽象、面向对象程序设计、泛型程序设计等多种程序设计风格。

5）C#语言

C#语言是一种安全的、稳定的、简单的、优雅的、由 C 语言和 C ++ 语言衍生出来的、面向对象的编程语言。它在继承 C 语言和 C ++ 语言强大功能的同时去掉了一些它们的复杂特性（例如没有宏以及不允许多重继承）。C#语言综合了 Visual Basic 语言简单的可视化操作和 C ++ 语言的高运行效率，以其强大的操作能力、优雅的语法风格、创新的语言特性和便捷的面向组件编程的能力成为 . NET 开发的首选语言。C#语言是面向对象的编程语言。它使程序员可以快速地编写各种基于微软公司 . NET 平台的应用程序，微软公司 . NET 平台提供了一系列的工具和服务来最大限度地开发利用计算与通信领域。

6）PHP 语言

PHP 语言是专门用于编写网页程序的语言。PHP 语言可以嵌入 HTML，更容易编写服务器端程序。PHP 语言天然和 Web 服务器以及 MySQL 数据库相结合，可以动态生成图像。PHP 语言之所以被广泛使用，是因为用它所编写程序的代码量小，执行速度较快。它得到较多软件公司的垂青，在一些小型网站开发中用得较多。

7）Visual Basic 语言

Basic（Beginners' All - purpose Symbolic Instruction Code，初学者的全方位符式指令代

码）语言是一种设计给初学者使用的程序设计语言。它是一种解释类编程语言，在完成编写后无须经由编译及连接等步骤即可执行，但如果需要单独执行仍然要将其翻译成执行程序。

Visual Basic 语言是由微软公司开发的、包含协助开发环境的事件驱动编程语言，简称 VB。从任何标准来说，VB 都是世界上使用人数最多的语言——不管是盛赞 VB 的开发者的数量，还是抱怨 VB 的开发者的数量。它源自 Basic 编程语言。VB 拥有图形用户界面（GUI）和快速应用程序开发（RAD）系统，可以轻易地使用 DAO、RDO、ADO 连接数据库，或者轻松地创建 ActiveX 控件。程序员可以轻松地使用 VB 提供的组件快速建立一个应用程序。它目前在一些提供二次开发接口的软件中（如 Excel）编写脚本程序方面应用较多。

8）SQL 语言

SQL 是结构化查询语言（Structured Query Language）的简称，它是一种数据库查询和程序设计语言，用于存取数据以及查询、更新和管理关系数据库系统，也是数据库脚本文件的扩展名。结构化查询语言是高级的非过程化编程语言，允许用户在高层数据结构上工作。它不要求用户指定数据的存放方法，也不需要用户了解具体的数据存放方式，所以具有完全不同的底层结构的不同数据库系统可以使用相同的结构化查询语言作为数据输入与管理的接口。结构化查询语言语句可以嵌套，这使它具有极大的灵活性和强大的功能。

9）Objective‐C 语言

Objective‐C 语言在 20 世纪 80 年代初由布莱德·考克斯（Brad Cox）在其公司 Stepstone 发明。Objective‐C 语言是扩充 C 语言的面向对象编程语言。它主要使用 Mac OS X 和 GNUstep 这两个使用 OpenStep 标准的系统，而在 NeXTSTEP 和 OpenStep 中它更是基本语言。

Objective‐C 语言是编写以下应用程序的利器：

（1）iOS 操作系统；

（2）iOS 应用程序；

（3）Mac OS X 操作系统；

（4）Mac OSX 上的应用程序。

Objective‐C 语言的流行归功于 iPhone 的成功，编写 iPhone 应用程序的主要编程语言是 Objective‐C。

6.2.2　常用集成开发环境概述

为了提高编程效率，世界上一些大的 IT 公司开发出了面向开发者的编程环境，以期通过简单的设计就可以自动生成程序代码，以大幅度提高程序代码的生产率、正确率。需要强调的是，程序的正确性证明是一个世界难题，至今还没有解决，要实现全流程代码自动生成，还需要有很长的路要走。这也是许多大型软件公司（如微软公司）提供的软件系统中时常出现 bug（漏洞）的原因。

集成开发环境（Integrated Development Environment，IDE）是用于提供程序开发环境的应用程序，通常包括代码编辑器、编译器、调试器和图形用户界面工具。它是集成了代码编写功能、分析功能、编译功能、调试功能等的一体化开发软件服务套件。所有具备这一特性的软件或者软件套件都可以叫作集成开发环境，如微软公司的 Visual Studio 系列，Borland 公司的 C++ Builder、Delphi 系列等。此类程序可以独立运行，也可以和其他程序并用。例如，许多人在设计网站时使用 DreamWeaver 等集成开发环境，因为使用集成开发环境时很多任务会自动生成，开发效率很高。

1. Microsoft. NET 开发平台 Visual Studio

Visual Studio（简称 VS）是美国微软公司的开发工具包系列产品。Visual Studio 是一个基本完整的开发工具集，它包括整个软件生命周期中所需要的大部分工具，如 UML 工具、代码管控工具、集成开发环境等。所写的目标代码适用于微软公司支持的所有平台，包括 Microsoft Windows、Windows Mobile、Windows CE、.NET Framework、.NET Compact Framework 和 Microsoft Silverlight 及 Windows Phone。

Visual Studio 是最流行的 Windows 平台应用程序的集成开发环境，最新版本为 Visual Studio 2019，基于.NET Framework 4.8。

2. Eclipse 集成开发环境

Eclipse 是一个开放源代码的、基于 Java 的可扩展开发平台。就其本身而言，它只是一个框架和一组服务，用于通过插件组件构建开发环境。幸运的是，Eclipse 附带了一个标准的插件集，包括 Java 开发工具（Java Development Kit，JDK）。

Eclipse 是著名的跨平台的自由集成开发环境，最初主要用来开发 Java 语言。通过安装不同的插件，Eclipse 可以支持不同的计算机语言，比如 C++ 和 Python 等。Eclipse 本身只是一个框架平台，但是众多插件的支持使 Eclipse 拥有其他功能相对固定的集成开发环境很难具有的灵活性。许多软件开发商以 Eclipse 为框架开发自己的集成开发环境。

Eclipse 最初由 OTI 和 IBM 两家公司的 IDE 产品开发组创建，起始于 1999 年 4 月。IBM 公司提供了最初的 Eclipse 代码基础，包括 Platform、JDT 和 PDE。Eclipse 项目由 IBM 公司发起，围绕着 Eclipse 项目已经发展出一个庞大的 Eclipse 联盟，有 150 多家软件公司参与 Eclipse 项目，包括 Borland、Rational Software、Red Hat 及 Sybase 等。Eclipse 是一个开放源码项目，它其实是 Visual Age for Java 的替代品，其界面与 Visual Age for Java 差不多，但由于其开放源码，任何人都可以免费得到，并可以在此基础上开发各自的插件，因此越来越受人们关注。随后还有包括 Oracle 公司在内的许多大公司也纷纷加入了该项目，Eclipse 的目标是成为可进行任何语言开发的 IDE 集成者，使用者只需下载各种语言的插件即可。

6.3 程序设计

程序设计是给出解决特定问题程序的过程，是软件构造活动中的重要组成部分。程序设计往往以某种程序设计语言为工具，给出这种语言下的程序。程序设计过程包括分析问题、设计算法、编写程序、测试、运行交付等步骤。专业的程序设计人员常被称为程序员。

在计算机技术发展的早期，由于机器资源比较昂贵，程序的时间和空间代价往往是设计关心的主要因素；随着硬件技术的飞速发展和软件规模的日益庞大，程序的结构、可维护性、复用性、可扩展性等因素日益重要。

1. 程序设计步骤

1）分析问题

对于接受的任务要进行认真的分析，研究所给定的条件，分析最后应达到的目标，找出解决问题的规律，选择解题的方法，完成实际问题。

2）设计算法

设计算法即设计出解题的方法和具体步骤。

3）编写程序

将算法翻译成计算机程序设计语言，对源程序进行编辑、编译和连接。

4）测试

对完成的程序进行模块测试、组装测试，进一步排除程序中的故障，剔除程序中存在的隐患，尽最大可能使交付的程序不出问题。

5）运行交付

将测试完成的程序交付委托单位投入运行。

6）编写程序文档

许多程序是提供给别人使用的，如同正式的产品应当提供产品说明书一样，正式提供给用户使用的程序，必须向用户提供程序说明书。其内容应包括：程序名称、程序功能、运行环境、程序的装入和启动、需要输入的数据，以及使用注意事项等。

程序设计举例：求100以内自然数和的C语言程序。

该程序流程如图6-3所示。

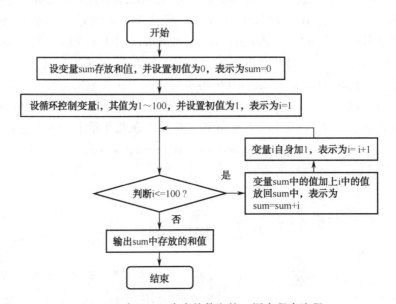

图6-3　求100以内自然数和的C语言程序流程

C语言源程序核心语句如下：

```
int sum = 0;
    for ( int i = 1; i <= 100; i ++ )
    {
        sum = sum + i;
    }
printf("100 以内自然数之和 = % d ", sum );
```

程序输出结果如下：

100 以内自然数之和 = 5050

注意：不同程序设计语言的开发效率是不同的，它们各有各的强项，开发不同需求的程序时选对了合适的开发语言就会事半功倍。

例如求 100 以内自然数和的 Python 语言程序只有一句：

```
print('100 以内自然数之和 = ',sum([ i for i in range(1,101)]))
```

2. 程序设计方法

一般认为"程序 = 数据结构 + 算法"，所以程序设计就是要解决数据结构和算法问题。完成一个软件的程序设计工作，首先要进行需求分析。需求分析的目的就是确定软件需要的功能和处理的数据，数据结构就是要弄清数据的逻辑结构，解决数据在计算机中的存储问题。算法是实现程序功能的方法，通过算法设计可以逐一实现软件的各项功能，算法与其处理数据的逻辑结构和存储结构密切相关，算法是编写程序代码的基础。

程序设计方法通常有面向过程程序设计和面向对象程序设计（Object – oriented Programming，OOP）两种，现在常用的是面向对象的程序设计。

1）面向过程程序设计

面向过程程序设计中，程序有 3 种基本结构：顺序结构、选择结构、循环结构。其设计原则如下：

第一是自顶向下，从问题的全局下手，把一个复杂的任务分解成许多易于控制和处理的子任务，子任务还可能进一步分解，如此重复，直到每个子任务都容易解决为止；

第二是逐步求精；

第三是模块化，解决一个复杂问题时，自顶向下逐层把软件系统划分成一个个较小的、相对独立，但又相互关联的模块。

2）面向对象的程序设计

面向对象程序设计是将对象作为程序的基本单元，将程序和数据封装于其中，以提高软件的重用性、灵活性和扩展性。

面向对象程序设计可以看作一种在程序中包含各种独立而又互相调用的对象的思想，这与传统的思想刚好相反。传统的程序设计主张将程序看作一系列函数的集合，或者一系列对计算机下达的指令。面向对象程序设计中的每一个对象都应该能够接受数据、处理数据并将数据传达给其他对象，因此它们都可以被看作一个小型的"机器"，即对象。

6.4　数据结构

数据（data）是信息的载体。它能够被计算机识别、存储和加工处理，是计算机程序加工的"原料"。随着计算机应用领域的扩大，数据的范畴包括整数、实数、字符串、图像、声音和视频等。

数据元素（data element）是数据的基本单位。数据元素也称元素、结点、顶点、记录。一个数据元素可以由若干个数据项（字段、域、属性）组成。数据项是具有独立含义的最小标识单位。

数据结构（data structure）指的是数据元素之间的相互关系，即数据的组织形式。数据结构主要研究数据的逻辑结构和数据的存储结构。

1. 数据的逻辑结构

数据的逻辑结构指反映数据元素之间逻辑关系的数据结构，逻辑关系是指数据元素之间的前后关系，而与它们在计算机中的存储位置无关。逻辑结构的类型如下。

1）集合

数据结构中的元素之间除了"同属一个集合"的相互关系外，别无其他关系。

2）线性结构

数据结构中的元素之间是一对一的相互关系。

3）树形结构

数据结构中的元素之间属于一对多的相互关系。

4）图形结构

数据结构中的元素之间呈现多对多的相互关系。

2. 数据的存储结构

数据的存储结构指数据的逻辑结构在计算机存储空间的存放形式。

数据的存储结构是数据的逻辑结构在计算机中的表示，具体实现的方法有顺序、链接、索引、散列等多种形式，因此，一种数据的逻辑结构可表示成一种或多种存储结构。顺序存储结构和链式存储结构是常用的两种存储结构。

数据的存储结构可用以下4种基本存储方法得到：

（1）顺序存储方法。该方法把逻辑上相邻的结点存储在物理位置上相邻的存储单元里，结点间的逻辑关系由存储单元的邻接关系体现。由此得到的存储表示称为顺序存储结构，通常借助程序语言的数组描述。该方法主要应用于线性的数据结构。非线性的数据结构也可通过某种线性化的方法实现顺序存储。

（2）链接存储方法。该方法不要求逻辑上相邻的结点在物理位置上也相邻，结点间的逻辑关系由附加的指针字段表示。由此得到的存储表示称为链式存储结构，通常借助程序语言的指针类型描述。

（3）索引存储方法。该方法通常在储存结点信息的同时建立附加的索引表。索引表由若干索引项组成，一般每个数据元素在索引表中都有一个索引项，通过索引项可以找到相应的数据元素。

（4）散列存储方法。该方法的基本思想是，根据数据元素的关键字直接计算出该结点的存储地址。

同一逻辑结构采用不同的存储方法，可以得到不同的存储结构。选择何种存储结构表示相应的逻辑结构，视具体要求而定，主要考虑运算效率及算法的时空要求。

数据的逻辑结构和存储结构确定之后，就要设计出基于当前数据结构的算法，也就是解决问题的步骤。选择好的算法有两条标准，一是尽量少地占用计算机的存储空间，二是算法消耗的时间尽量少，也即计算速度尽量快。对于算法，经常不是空间和时间都各自达到最优，往往根据实际需要在二者之间取得一个平衡，以解决实际问题的效果来评判和选择。

6.5　软件工程

软件工程是研究和应用如何以系统性的、规范化的、可定量的过程化方法去开发和维护软件，以及如何把经过时间考验而证明正确的管理技术和当前能够得到的最好的技术方法结合起来。简言之，软件工程是研究软件的工程化生产的技术和方法。

软件工程的目标是在给定成本、进度的前提下，开发出具有适用性、有效性、可修改性、可靠性、可理解性、可维护性、可重用性、可移植性、可追踪性、可互操作性和满足用户需求的软件产品。追求这些目标有益于提高软件产品的质量和开发维护效率，减少后期维护的难度和成本。

（1）适用性：软件在不同的系统约束条件下，使用户需求得到满足的难易程度。

（2）有效性：软件系统能最有效地利用计算机的时间和空间资源。人们把系统的时、空开销作为衡量软件质量的一项重要技术指标。在很多情况下，在追求时间有效性和空间有效性时会发生矛盾，这时要么牺牲时间有效性换取空间有效性，要么牺牲空间有效性换取时间有效性。时间、空间折中是经常采用的技巧。

（3）可修改性：允许对系统进行修改而不增加原系统的复杂性。它支持软件的调试和维护，是一个难以达到的目标。

（4）可靠性：能防止由概念、设计和结构等方面的不完善造成的软件系统失效，具有挽回操作不当造成软件系统失效的能力。

（5）可理解性：系统具有清晰的结构，能直接反映问题的需求，避免对问题理解的二义性。可理解性有助于控制软件系统的复杂性，支持软件的维护、移植或重用。

（6）可维护性：软件交付使用后，能够容易地对它进行修改，以改正潜藏的错误，提高软件性能，使软件产品适应新环境的变化。软件维护费用在软件开发费用中占有很大的比重。可维护性是软件工程中一项十分重要的目标。

（7）可重用性：把概念或功能相对独立的，且在多处使用的一个或一组相关模块定义为一个软部件，用时可组装在系统的相应位置，从而降低软件开发的工作量。

（8）可移植性：软件从一个计算机系统或环境搬到另一个计算机系统或环境的难易程度。可移植性可提高软件的适用范围，提高软件的覆盖面的重要属性。这需要软件具有较高的相对硬件的独立性，与硬件的关系越松散越好，与硬件彻底无关是最理想的状态。

（9）可追踪性：根据软件需求对软件设计、程序进行正向追踪，或根据软件设计、程序对软件需求逆向追踪的能力。

（10）可互操作性：多个软件元素相互通信并协同完成任务的能力。

一般软件开发流程分为需求分析、概要设计、详细设计、程序编码、软件测试、软件交付、验收和维护等8个阶段，具体划分也与软件的规模有直接关系，尽管划分阶段的多少和具体名称不尽相同，但软件开发过程基本涵盖了这些内容，不会有大的变化。

1. 需求分析

（1）系统分析员初步了解用户需求，然后列出要开发的软件系统的功能模块，罗列每个功能模块有哪些小功能模块，有些用户比较明确地提出软件相关界面时，在这里可初步定义少量界面。

（2）系统分析员深入了解和分析需求，形成一份用户需求分析报告文档。该文档要清楚列出系统大致的功能模块，以及功能模块包含的小功能模块，还要列出相关的界面和界面功能。

（3）系统分析员向用户再次确认需求，根据用户提出的问题，修改用户需求分析报告，经用户签字确认后作为下一步概要设计工作的依据。

2. 概要设计

开发者依据用户需求分析报告对软件系统进行概要设计（又叫系统设计、总体设计）。概要设计需要对软件系统的总体架构进行设计，包括系统的基本处理流程、系统的组织结构、模块划分、功能分配、接口设计、运行设计、数据结构设计和出错处理设计等，为软件的详细设计奠定基础。需要对硬件进行设计的，要给出硬件需求清单。

3. 详细设计

在概要设计的基础上，开发者需要进行软件系统的详细设计。在详细设计中，描述实现具体模块所涉及的主要算法、数据结构、类的层次结构及调用关系，需要说明软件系统各个层次中的每一个程序（每个模块或子程序）的设计思路，以便进行编码和测试。应当保证软件的需求完全得以实现。详细设计应当足够详细，最终形成软件系统详细设计报告。

4. 程序编码

在程序编码阶段，开发者根据软件系统详细设计报告中对数据结构、算法分析和模块实现等方面的设计要求，开始具体的程序编写工作，分别实现各模块的功能，从而实现对目标系统的功能、性能、接口、界面等方面的要求。在规范化的研发流程中，编码工作在整个项目流程里最多不会超过1/2，通常为1/3。所谓"磨刀不误砍柴工"，设计过程完成得好，编码效率就会极大提高，编码时不同模块之间的进度协调和协作是最需要小心考虑的，也许一个小模块的问题会影响整体进度，让很多程序员被迫停下工作等待，这种问题在很多研发过程中都出现过。编码时的相互沟通和应急的解决手段都是相当重要的，对于程序员而言，bug永远存在，必须面对这个问题。

5. 软件测试

测试编写好的程序系统，除编码过程中小段程序需要测试外，小模块组装成大模块也需要测试，后者是更重要的测试。交给用户使用后，要逐一确认每个模块的功能。软件测试有很多种类型：按照测试执行方，可以分为内部测试和外部测试（又叫白盒测试和黑盒测试）；按照测试范围，可以分为模块测试和整体联调；按照测试条件，可以分为正常操作情况测试和异常操作情况测试；按照测试的输入范围，可以分为全覆盖测试和抽样测试。总之，测试同样是项目研发中一个相当重要的步骤，根据软件的规模不同，测试的时间有长有短，因为永远都会有不可预料的问题存在。测试完成后，需要提交验收的帮助文档，整体项目才算完成。

6. 软件交付

在软件测试证明软件达到要求后，软件开发者应向用户提交开发的目标安装程序、数据库的数据字典、用户安装手册、用户使用指南、需求报告、设计报告、测试报告等双方合同约定的文档和程序代码。

用户安装手册应详细介绍安装软件对运行环境的要求，安装软件的定义和内容，客户端、服务器端及中间件的具体安装步骤，安装后的系统配置过程等内容。

用户使用指南应包括软件的使用流程、操作步骤、相应业务功能、操作过程介绍、特殊提示和注意事项等内容，若有需要还应举例说明。

7. 验收

用户验收无误后，开发者和用户分别在验收报告上签字，这标志着项目开发工作的正式结束。

8. 维护

根据用户需求的变化或环境的变化，应对应用程序进行全部或部分的修改。一般用户会委托开发者或自己配备程序员，专门负责软件的升级和修补工作，因为很难避免系统不存在瑕疵。用户的需求也是不断变化的，软件运行环境（硬件和系统）也是在不断更新的，要保持软件正常运行，适应新的变化，就要不停地跟踪软件的运行状况，持续迭代升级，直到软件被彻底淘汰为止。

人类社会正在步入"万物皆可互联、一切皆可编程"的新时代，软件代码将成为一种最为重要的资产形式，软件编程将成为一种最为有效的生产方式。软件定义将迅速引发各个行业的变革。从软件定义无线电、软件定义雷达、软件定义网络、软件定义存储、软件定义数据和知识中心，到软件定义汽车、软件定义卫星，再到软件定义制造、软件定义服务，软件定义将成为科技发展的重要推手，极大地提高各行各业的智能化程度和整个社会的智能化水平。

● 本章小结

本章主要介绍了软件与程序设计的主要概念和内涵，主要有以下要点：

（1）软件是一系列按照特定顺序组织的计算机数据和指令的集合。软件分为系统软件、支撑软件和应用软件。

（2）编程语言是编制程序的工具，分为机器语言、汇编语言和高级语言。通过集成编程工具可提高程序的规范性和编程效率。目前流行的集成开发环境有 Microsoft. NET 开发平台 Visual Studio 和 Eclipse。

（3）程序设计是用程序解决特定问题的过程，编制有效程序的关键是确定数据的组织方法和解决问题的方法（算法）。

（4）数据结构主要根据数据的逻辑结构，根据算法中时间和空间的要求，确定合适的存储结构。逻辑结构分为集合、线性结构、树形结构、图形结构 4 种类型。存储结构有顺序、链表、索引、散列 4 种存储方法。特定逻辑结构的数据，采用何种存储结构进行存储，取决于算法的时间有效性和空间有效性。

（5）软件工程是研究软件的工程化生产的技术和方法。一般软件开发流程包括需求分析、概要设计、详细设计、程序编码、软件测试、软件交付、验收和维护 8 个阶段。

● 练习题

1. 什么是算法、程序、软件？
2. 编程语言是如何划分的？
3. 简述程序设计的过程。
4. 简述数据结构中逻辑结构和存储结构之间的关系。
5. 简述软件开发过程各阶段的工作内容。
6. 叙述对软件定义功能的理解。

第7章

<<<<<

网站建设基础

知识目标

(1) 理解网站建设的概念和网站设计流程；
(2) 了解网页建设的主要技术；
(3) 熟悉网页建设的常用工具。

HTTP（超文本传输协议）和 HTML（超文本标记语言）就是电脑之间交换信息时所使用的语言，也就是说当你在电脑上点击一个链接时，你的电脑就会自动进入你想要查看的页面，之后它就会利用这种电脑之间的语言与其他计算机进行沟通。①

——万维网发明人伯纳斯·李

1994 年 4 月 19 日，中国社会科学院计算机网络中心正式接入国际互联网，中国成为第 77 个接入国际互联网的国家。互联网如今已经步入突飞猛进的大发展时期。20 多年前，为了购买一双称心的鞋子，人们需要走遍全城的商场，现在人们可以轻松地在网上买到；20 多年前，为了沉醉在"天王"的音乐专辑中，人们要在整个市区的音像店费时费力地寻找音乐卡带，现在人们可以轻松地网上买到音乐；20 多年前，为了查询达尔文的环球考察历程，人们只能去图书馆，现在，人们同样可以在网上找到相关文献资料。

互联网已经改变了人们获取信息的方式和沟通方式。传统的商业、娱乐业、通信业、传媒业等，都因此不情愿地对旧有的"游戏规则"进行自我调整与重构，与此同时又怯生生地开始接受互联网时代的新规则。一个崭新的互联网时代已走进人们的生活，并给社会经济的各个方面带来深远的影响。

据中国互联网络信息中心的统计，截至 2020 年 3 月，我国网民规模达 9.04 亿，互联网普及率达 64.5%；我国网络购物用户规模达 7.10 亿，2019 年交易规模达 10.63 万亿元，同比增长 16.5%。网民无论是开展网上商务交易、搜索信息、娱乐等活动，还是享受网络金融服务、公共服务、政务服务等网络生活服务，大部分是通过政府和商家的网站实现的。网站已经成为网民接受网络服务、开展网络活动的重要手段。

---

① 摘自中央电视台《互联网时代》第一集《时代》的解说词。

人们上网浏览的网站叫作万维网，或称为 WWW 服务。构成网站的要素就是一张张上下关联的网页，网页是人们浏览信息的基本单位，也是企业展示形象和商品的舞台。网页设计就是解决信息呈现问题，一个布局合理、图文并茂、色彩亮丽、内容充实、导航精确的网站必然会受到网民的青睐。

根据 MVC 软件开发架构，一个功能完整的网站也同样包括数据模型层、业务逻辑控制层和人机交互界面的视图层。本章着重介绍作为视图层的网站页面的设计与实现技术，重点阐述网站的内部逻辑、表现逻辑的设计要求和主要实现技术。

7.1 网站建设概述

网站建设就是根据用户在互联网上传递的信息（包括产品、服务、理念、文化等）进行网站功能策划，然后进行页面设计与美化的工作。作为用户对外宣传媒体中的一种，精美的网页对提升互联网品牌形象尤为重要。

网站建设一般分为 3 种类型：功能型网站建设（服务网站和 B/S 软件用户端，如电子商务网站、游戏网站等）、形象型网站建设（品牌形象网站，如公司或企业的网站）、信息型网站建设（门户网站，如新浪、网易、搜狐等）。根据设计网页的目的不同，应选择不同的网页策划与设计方案。

网站由若干紧密相连的网页组成，它的好坏由网页呈现。网页设计工作的目标就是通过使用合理的颜色、字体、图片、样式进行页面设计与美化，在功能限定的情况下，尽可能给予用户完美的视觉体验。高级的网页设计甚至会考虑通过声、光、画及其交互等来实现更好的视听感受。

1. 网站设计流程

专业的网站设计需要经历以下几个阶段：

（1）根据消费者的需求、市场的状况、企业自身的情况等进行综合分析，从而建立营销模型。

（2）以业务目标为中心进行功能策划，制作出栏目结构关系图。

（3）以满足用户体验设计为目标，使用快速原型设计工具或同类软件进行页面策划，制作出交互用例。

（4）以页面精美化设计为目标，使用 Photoshop、Illustrator、Fireworks 等软件，使用更合理的颜色、字体、图片、样式进行页面设计美化。

（5）根据用户的反馈进一步调整页面设计，以达到最优效果。

2. 设计目标

（1）业务逻辑清晰，能清楚地向浏览者传递信息，使浏览者能方便地找到自己想要查看的信息。

（2）用户体验良好，使用户在视觉上、操作上都感到很舒适。

（3）页面设计精美，使用户能享受到美好的视觉体验，不会因为一些糟糕的设计细节而感到不愉快。

（4）建站目标明确，网页能很好地实现企业的建站目标，向用户展示产品、服务、理念、文化等信息。

3. 设计说明

1）主题明确

在目标明确的基础上，完成网站的构思创意，从而完成总体设计方案。对网站的整体风格和特色作出定位，规划网站的组织结构等。

Web 站点应针对所服务对象（机构或人）的不同而具有不同的形式。有些站点只提供简洁的文本信息；有些站点则采用多媒体表现手法，提供华丽的图像、闪烁的灯光、复杂的页面布局，甚至可以供用户下载声音和录像片段。好的 Web 站点把图形表现手法和有效的组织与通信更好地结合起来。

为了做到主题鲜明突出、要点明确，应该使配色和图片围绕预定的主题；调动一切手段充分表现网站的个性和情趣，体现网站的特点。

2）设计思路清晰

简洁实用：这是最重要的，因为在网络环境下，要用高效率的方式将用户想要的信息传递给他们，所以要去掉冗余的东西。

使用方便：网页做得越适合使用、越方便就越能显示出其功能美。

整体性好：一个网站强调的是一个整体，只有围绕一个统一的目标所做的设计才是成功的设计。

网站形象突出：一个符合美的标准的网页能够使网站的形象得到最大的提升。

3）版式设计合理

网页设计作为一种视觉语言，特别讲究编排和布局，虽然主页的设计不等同于平面设计，但它们有许多相近之处。

版式设计通过文字图形的空间组合，表达出和谐与美。

页面的编排设计要求把页面之间的联系反映出来，特别要处理好页面之间和页面内容的关系。为了达到最佳的视觉表现效果，应反复推敲整体布局的合理性，使浏览者有流畅的视觉体验。

4）配色合理

色彩是艺术表现的要素之一。在网页设计中，设计师根据和谐、均衡和重点突出的原则，将不同的色彩进行组合、搭配来构成美丽的页面。根据色彩对人们心理的影响，合理地加以运用。如果企业有企业形象识别系统（CIS），应按照其中的视觉识别系统（VI）进行色彩运用。

5）形式内容充实

为了将丰富的意义和多样的形式组织成统一的页面结构，形式语言必须符合页面的内容，体现内容的丰富含义。

灵活运用对比与调和、对称与平衡、节奏与韵律以及留白等手段，通过空间、文字、图形之间的相互关系建立整体的均衡状态，产生和谐的美感。

6）视觉效果好

在网页中常见的是页面上、下、左、右、中位置所产生的空间关系，以及疏密的位置关系所产生的空间层次，这两种位置关系使空间层次富有弹性，同时也让人产生轻松或紧迫的心理感受。

7）虚拟现实

人们已不满足于 HTML（标准通用标记语言下的一个应用）编制的二维 Web 页面，三维世界的诱惑开始吸引更多的人，虚拟现实要在 Web 页面上展示其迷人的风采，于是虚拟现实建模语言（VRML）出现了，它是一种面向对象的语言，类似 Web 超级链接所使用的 HTML 语言，也是一种基于文本的语言，并可以运行在多种平台之上，只不过能够更多地为虚拟现实环境服务。

8）多媒体

网络资源的优势之一是具有多媒体功能。为吸引浏览者的注意力，网页的内容可以用三维动画、Flash 等来表现。但由于网络带宽的限制，在使用多媒体的形式表现网页的内容时要充分考虑客户端的传输速度。

9）便于使用

如果人们看不懂或很难看懂网站内容，那么他们如何了解企业信息和服务项目呢？可使用一些醒目的标题或文字来突出产品与服务。

10）导向清晰

网页设计中导航使用超文本链接或图片链接，使人们能够在网站上自由前进或后退，而不必使用浏览器上的前进或后退操作。在所有的图片上使用标识符注明图片名称或进行解释，可方便那些不愿意自动加载图片的用户了解图片的含义。

11）下载快速

多数浏览者不会进入需要缓冲 5 分钟才能打开的网站，在互联网上 30 秒等待时间与平常 10 分钟等待时间的感觉相同。因此，建议在网页设计中尽量避免使用过多的图片及体积过大的图片。主要页面的容量应确保普通页面的等待时间不超过 10 秒。

4. 发展趋势

网页设计是一种不断更新换代、推陈出新的技术，它要求设计师必须随时把握最新的设计趋势，从而确保自己不被这个行业淘汰。近年来，网页设计领域主要流行响应式设计、扁平化设计、无限滚动、单页、固定标头、大胆的颜色、更少的按钮和更大的网页宽度等。

7.2　网页设计的常用技术

网页设计常用的技术主要有 HTML、HTML5、JavaScript、ASP、PHP、JSP 等。下面逐一介绍。

7.2.1　HTML

HTML（Hyper Text Markup Language）即超文本标记语言，它也是 WWW 的描述语言。互联网上的一个网页页面通常包括指向其他相关页面或其他节点的指针（超级链接），通过单击指针，可使浏览器方便地获取新的网页。这也是 HTML 获得广泛应用的最重要的原因之

一、在逻辑上将被视为一个整体的一系列页面的有机集合称为网站。

网页的本质就是 HTML，通过结合使用其他 Web 技术（如脚本语言、公共网关接口、组件等），可以创造出功能强大的网页。因此，HTML 是互联网编程的基础。

1. HTML 的主要特点

（1）简易性：HTML 版本升级采用超集方式，从而更加灵活方便。

（2）可扩展性：HTML 的广泛应用带来了加强功能、增加标识符等要求，HTML 采取子类元素的方式，为系统扩展提供了保证。

（3）平台无关性：虽然个人计算机大行其道，但使用 MAC（苹果电脑）等其他机器的大有人在，HTML 可以使用在广泛的平台上，这也是万维网（WWW）盛行的另一个原因。

（4）通用性：HTML 是网络的通用语言，是一种简单、通用的全置标记语言。它允许网页制作人建立文本与图片相结合的复杂页面，这些页面可以被网上任何其他人浏览，无论使用什么类型的计算机或浏览器。

2. HTML 的页面构成

HTML 文本是由 HTML 标记命令组成的描述性文本，HTML 标记可以说明文字、图形、动画、声音、表格、链接等。HTML 文档的结构包括声明 <！DOCTYPE html> 部分、< html > 标记、头部 < head > 标记、主体 < body > 标记三大部分，头部描述浏览器所需的信息，主体包含所要说明的具体内容，声明部分告知浏览器文档使用 HTML 规范，如下所示：

```
<！DOCTYPE html>
<html>
<head>
  <metahttp-equiv="Content-Type" content="text/html; charset=gb2312" />
  <title>网页标题</title>
  ……
</head>
<body>
  网页的具体内容……
</body>
</html>
```

3. HTML5

2014 年 10 月 29 日，万维网联盟宣布 HTML5 标准规范最终制定完成，并公开发布。

设计 HTML5 的目的是在移动设备上支持多媒体。新的语法特征被引进以支持这一点，如 < video >、< audio > 和 < canvas > 标记。HTML5 还引进了新的功能，可以真正改变用户与文档的交互方式，包括：

（1）新的解析规则增强了灵活性；

（2）新属性；

（3）淘汰过时的或冗余的属性；

（4）一个 HTML5 文档到另一个文档间的拖放功能；

（5）离线编辑；

（6）信息传递的增强；

（7）详细的解析规则；

（8）多用途互联网邮件扩展（MIME）和协议处理程序注册；

（9）在 SQL 数据库中存储数据的通用标准（Web SQL）。

7.2.2　JavaScript

JavaScript 是 Netscape 公司的产品，其是为了扩展 Netscape Navigator 功能而开发的一种可以嵌入 Web 页面中的基于对象和事件驱动的解释性语言。它常用来给 HTML 网页添加动态功能，比如响应用户的各种操作等。

1. 基于对象

JavaScript 是一种脚本语言，它可以用来制作与网络无关的、与用户交互作用的复杂软件。它是一种基于对象（object based）和事件驱动（event driver）的编程语言，因此它本身提供了非常丰富的内部对象供设计人员使用。

2. 解释性语言

JavaScript 是一种解释性编程语言，其源代码在发往客户端执行之前不需要经过编译，而是将文本格式的字符代码发送给客户端由浏览器解释执行。

JavaScript 的代码是一种文本字符格式的代码，可以直接嵌入 HTML 文档，并且可动态装载。使用 JavaScript 编写 HTML 文档就像编辑文本文件一样方便。

7.2.3　ASP

ASP 是 "Active Server Page"（动态服务器页面）的缩写，它是微软公司开发的动态网页技术标准。ASP 的原理是：在原来的 HTML 页面中加入 JavaScript 或 VBScript 代码，服务器在送出网页之前首先执行这些代码，完成查询数据库之类的任务，再将执行结果以 HTML 的形式返回浏览器。

ASP 不需要被重新编译成可执行文件就可以直接运行，而且 ASP 内置的 ADO 组件允许用户通过客户端浏览器访问各种各样的数据库。此外，ASP 与 CGI 最大的不同在于对象向导和组件重用，ASP 除了内置的 Request、Response、Server、Session、Application、ObjectConnection 等基本对象外，还允许用户以外挂的方式使用 ActiveX 控件。目前一些中小型网站使用 ASP 技术。

ASP. NET 是微软公司的技术，是对 ASP 技术的扩展，目前是 Windows 操作系统下 Web 服务器端应用程序开发的热门工具。ASP. NET 的网站或应用程序通常使用微软公司的集成开发环境产品 Visual Studio 进行开发，在开发过程中可以进行"所见即所得"的编辑。

7.2.4　PHP

ASP 虽然功能强大，但是只能在微软公司的服务器软件平台上运行，而大量使用 UNIX/LinuX 的用户要制作动态网站则首选 PHP（Personal Home Page）技术。PHP 是一种跨平台服务器解释执行的脚本语言，与 ASP 类似，它也是基于服务器端用于产生动态网页，而且可嵌入 HTML 中的脚本程序语言，PHP 用 C 语言编写，可运行于 UNIX/Linux 和 Windows 9x/NT/2000 下。

在 HTML 文件中，PHP 脚本程序可以使用特别的 PHP 标签进行引用，这样网页制作者不必完全依赖 HTML 生成网页。由于 PHP 在服务器端执行，客户端是看不到 PHP 代码的，PHP 可以完成任何 CGI 脚本所完成的任务，但它的功能的发挥取决于它和各种数据库的兼容性。PHP 除了可以使用 HTTP 进行通信外，也可以使用 IMAP、SNMP、NNTP、POP3 协议。随着 Linux 操作系统的快速发展，已经出现了大量用 PHP 设计的网站，如 RedHat 公司网站、搜狐网站的聊天室等都是用 PHP 制作的。

7.2.5　JSP

同 Java 一样，JSP 也是由 Sun 公司（已被 Oracle 公司收购）开发的，它是一种新的 Web 应用程序开发技术，是 ASP 技术的强劲竞争者。JSP 是"Java Server Pages"的缩写，是由 Java 语言的创造者 Sun 公司提出、多家公司参与制定的动态网页技术标准。它通过在传统的 HTML 网页中加入 Java 代码和 JSP 标记，最后生成后缀名为 JSP 的网页文件。Web 服务器在遇到访问 JSP 页面的请求时，首先执行其中的程序代码片段，然后将执行结果以普通 HTML 方式返回客户端浏览器。JSP 页面中的程序代码在客户端是看不到的，这些内嵌的 Java 程序可以完成数据库操作、文件上传、网页重定向、发送电子邮件等功能，所有的操作均在服务器端执行，客户端得到的仅是运行结果，因此，JSP 对客户浏览器的要求较低。

JSP 也是一种很容易学习和使用的 Web 设计语言，其脚本语言使用 Java，完全继承了 Java 所有的优点。自从 Sun 公司正式发布 JSP 之后，这种新的 Web 应用程序开发技术很快成为市场瞩目的对象，它以强大的功能、稳定的性能、高可靠安全性和平台可移植性成为 ASP 技术的强劲竞争者。JSP 为 Web 应用提供了独特的开发支持功能，它能够适应目前市场上绝大多数服务器产品，包括 Apache Web Server、IIS5.0、Resin、Tomcat 等，ASP 可以实现的功能 JSP 都能实现。从发展趋势看，JSP 大有取代 ASP 之势。

JSP 和 ASP 的不同之处在于以下两方面：

（1）JSP 技术基于开发平台和服务器的互相独立，采用 Java 语言开发。

（2）ASP 技术主要依赖微软公司的平台支持，采用 VBScript 和 JavaScript 语言开发。JSP 作为当今流行的动态网页制作技术，得到了许多商业网站的支持。

7.2.6　静态网页和动态网页

网页有静态网页和动态网页之分。静态网页是指客户端浏览器发送 URL 请求给服务器，服务器查找需要的超文本文件，不加处理地将其直接返回给客户端，在客户端浏览器显示的页面是由网页设计师先制作完成存放在服务器上的网页。静态网页用户与网页基本上没有互动，静态网页只是网站页面的静态发布。静态网页的浏览过程如图 7 – 1 所示。

图 7 – 1　静态网页的浏览过程

制作静态网页主要使用 HTML，如果配合客户端脚本语言 JavaScript，其也能产生丰富的动态效果，从而满足大多数网站的需要。如今 Internet 上常见的计数器、聊天室、BBS、校友录、网上购物等服务则必须得到动态网页技术的支持。

动态网页技术根据程序运行的地点不同，又分为客户端动态网页技术和服务器端动态网页技术。客户端动态网页技术不需要与服务器进行交互，实现动态功能的代码往往采用脚本语言的形式直接嵌入网页，服务器把网页发送给用户以后，网页在客户端浏览器中直接响应用户的动作，有些应用还需要浏览器安装组件的支持。常见的客户端动态网页技术包括 JavaScript、ActiveX、Flash 等。

服务器端动态网页技术需要服务器和客户端的共同参与，用户通过浏览器发出页面请求后，服务器根据 URL 携带的参数运行服务器端程序，产生结果页面，再将它返回给客户端，如图 7 – 2 所示。动态网页一般涉及数据库操作，如注册、登录、查询、购物等，这都需要设计强大的服务器端动态程序，并考虑各种可能的出错情况，以保证网站的交互性和安全性。典型的服务器端动态技术包括 ASP、PHP、JSP、CGI 等。

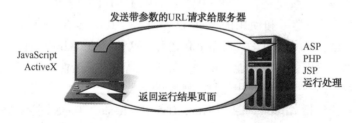

图 7 – 2　服务器端动态网页的浏览过程

7.3　网页设计的常用工具

网页设计的常用工具主要有 Dreamweaver、Fireworks、Flash、Photoshop 等，其中 Dreamweaver、Fireworks、Flash 合称 "网页设计三剑客"，它们之所以被称为 "网页设计三剑客"，很大一部分原因是这 3 种软件能无缝合作。制作网页时通常由 Fireworks 或 Photoshop 制作效果图，导出切片、图片等，然后在 Dreamweaver 中绘制表格，添加网页元素、链接等，再使用 Flash 制作网页动画或广告，从而做出一个非常好看的页面。

"网页设计三剑客"最早是由美国 Macromedia 公司所设计，2005 年 Adobe 公司收购 Macromedia 公司，Fireworks、Dreamweaver、Flash 随之跟随至 Adobe 公司。其发布的版本是 Adobe Creative Cloud，包括 Photoshop CC、Dreamweaver CC、Flash Professional CC、InDesign CC、Illustrator CC 等数十款用途各异的软件，最新版是 CC2019。

7.3.1 Dreamweaver（DW）简介

Dreamweaver 是一套拥有可视化编辑界面，用于制作并编辑网站和移动应用程序的网页设计软件。由于它支持代码、拆分、设计、实时视图等多种方式来创作、编写和修改网页，初级人员无须编写任何代码就能快速创建 Web 页面。

由于 Dreamweaver 支持多种浏览器，可跨平台开发网页，实现了可视化动态 HTML 编程，方便地集成了 Flash、Shockwave、ActiveX 等众多外部媒体，加上使用简便、可扩展性强的优点，到目前为止，全世界超过 60% 的专业网页设计师都选用 Dreamweaver 作为网页开发工具。

Dreamweaver 的主要特点如下。

1）网页制作效率高

Dreamweaver 可以用最快速的方式将 Fireworks 或 Photoshop 等档案移至网页上。使用检色吸管工具选择屏幕上的颜色可设定最接近的网页安全色。对于选单、快捷键与格式控制，都只要一个简单步骤便可完成。Dreamweaver 能与 Flash、Shockwave 和外挂模组等搭配，整体运用自然顺畅。除此之外，只要单击便可使 Dreamweaver 自动开启 Fireworks 或 Photoshop 进行编辑与设定图档的最佳化。

2）网站管理强

使用网站地图可以快速制作网站雏形，设计、更新和重组网页。改变网页位置或档案名称时，Dreamweaver 会自动更新所有链接。支援文字、HTML 代码、HTML 属性标签和一般语法的搜寻及置换功能使复杂的网站更新变得迅速又简单。利用重新改良的 FTP 传输工具快速上传大型文件，可节省发布项目时批量传输相关文件的时间。

3）控制能力强

Dreamweaver 是唯一提供 Roundtrip HTML、视觉化编辑与原始码编辑同步的设计工具。它包含 HomeSite 和 BBEdit 等主流文字编辑器。帧（frame）和表格的制作速度快得令人无法想象。Dreamweaver 支持精准定位，利用可轻易转换成表格的图层以拖拉置放的方式进行版面配置。Dreamweaver 成功整合动态式出版视觉编辑及电子商务功能，提供超强的支援能力给 Third–party 厂商，包含 ASP、Apache、BroadVision、Cold Fusion、iCAT、Tango 与自行发展的应用软件。使用 Dreamweaver 设计动态网页时，"所见即所得"功能让人们不需要透过浏览器就能预览网页。梦幻样版和 XML Dreamweaver 将内容与设计分开，应用于快速网页更新和团队合作网页编辑。用户可建立网页外观的样版，指定可编辑或不可编辑的部分。内容提供者可直接编辑以样式为主的内容而不会不小心改变既定样式。用户也可以使用样版正确地输入或输出 XML 内容。利用 Dreamweaver 设计的网页，可以全方位地呈现在任何平台的热门浏览器上。

4）自适应网格版面

建立复杂的网页时，无须编写代码。自适应网格版面能够及时响应，协助用户设计能在台式机和各种设备的不同大小的屏幕中显示的项目。

5）移动支持

Dreamweaver 借助 jQuery 代码提示加入高级交互性功能。jQuery 可轻松为网页添加互动内容。用户可借助针对手机的启动模板快速开始设计，借助 Adobe PhoneGap 为 Android 和 iOS 构建并封装本机应用程序。在 Dreamweaver 中，借助 Adobe PhoneGap 框架，可将现有的 HTML 转换为手机应用程序。用户可利用模拟器测试版面。

6）实时视图

使用支持显示 HTML5 内容的 WebKit 转换引擎，在发布之前检查网页，协助用户确保版面的跨浏览器兼容性和版面显示的一致性。

7.3.2 Fireworks（FW）简介

Fireworks 是一款专为网络图形设计的图形编辑软件，它大大降低了网络图形设计的工作难度，无论是专业设计师还是业余爱好者，都可以使用 Fireworks 轻松地制作出 GIF 动画、网页效果图，还可以轻易地完成大图切割，制作动态按钮、动态翻转图等，因此，对于辅助网页编辑来说，Fireworks 是最大的功臣。

Fireworks 的主要功能如下。

1）创建和编辑

Fireworks 可以创建和编辑矢量图像与位图图像，并导入和编辑本机 Photoshop 和 Illustrator 文件。

2）图像优化

Fireworks 可以采用跨平台灰度系统预览，选择性地对 JPEG 压缩和大量导出控件，针对各种交互情况优化图像。

3）高效集成

Fireworks 可以导入 Photoshop（PSD）文件，导入时可保持分层的图层、图层效果和 Photoshop 混合模式；将 Fireworks（PNG）文件保存回 Photoshop（PSD）格式；导入 Illustrator（AI）文件，导入时可保持包括图层、组和颜色信息在内的图形的完整性。

4）原型构建

Fireworks 可以对网站和各种 Internet 应用程序构建交互式布局原型；将网站原型导出至 Dreamweaver，将 RIA 原型导出至 Adobe Flex。

5）支持多页

Fireworks 可以使用新的页面板在单个文档（PNG 文件）中创建多个页面，并在多个页面之间共享图层。每个页面都可以包含自己的切片、图层、帧、动画、画布设置，因此可在原型中方便地模拟网站流程。

6）组织方式编辑

Fireworks 可以采用与 Photoshop 类似的新分层图层结构来组织和管理原型，使用户能方便地组织 Web 图层和页面。

7）滤镜效果

Fireworks 可以应用灯光效果、阴影效果、样式和混合模式（包括源自 Photoshop 的 7 种新的混合模式），增加文本和元件的深度和特性。

8）公用库

公用库中包含 Web 应用程序、表单、界面和网站中经常用到的图形元件、文本元件和动画，可以使用它们迅速开始原型构建过程。

9）智能缩放编辑

Fireworks 可以通过切片缩放智能地缩放矢量图像或位图图像中的按钮与图形元件。将切片缩放与新的自动形状库相结合，可加速网站和应用程序的原型构建进度。

10）简化集成

复制 Fireworks 中的任意对象，并将其直接粘贴到 Dreamweaver 中。创建可保存为 CSS 和 HTML 的弹出菜单。将 Fireworks（PNG）文件直接导出至 Flash 中，导出时可保持矢量、位图、动画和多状态不变，然后在 Flash 中编辑文件。

11）必知功能

众所周知，网页上的 JPG 图片如果过大，会严重影响页面的打开速度，Fireworks 提供优化图片的功能，即缩小图片的容量，但不影响画面的质量（除非放大了与原图对比）。由于很多人喜欢用 Photoshop 制作 JPG 图片，所以它的容量会很大（因为它用于处理印刷品，要求比较清晰），最终要用 Fireworks 处理一下。

Fireworks 这款软件的主要任务和特色就是制作矢量图为网页服务。在"三剑客"系列中，Fireworks 和 Flash 的联系更为紧密，所以无论是网页制作还是 Flash 制作，Fireworks 都是不可或缺的利器。

7.3.3 Flash 简介

Flash 又称为"闪客"。网页设计者可使用 Flash 创作出既漂亮又可改变尺寸的导航界面以及其他奇特的效果。Flash 的前身是 Future Wave 公司的 Future Splash，它是世界上第一个商用的二维矢量动画软件，用于设计和编辑 Flash 文档。1996 年 11 月，美国 Macromedia 公司收购了 Future Wave 公司，并将 Future Splash 改名为 Flash。它之后又被 Adobe 公司收购。

用 Flash 创建的应用程序，包含丰富的视频、声音、图形和动画。设计人员和开发人员可使用它来创建演示文稿、网络广告、应用程序和其他允许用户交互的内容。

Flash 的主要功能如下。

1）图形操作

绘图和编辑图形不但是创作 Flash 动画的基本功，也是进行多媒体创作的基本功。使用 Flash 绘图和编辑图形是 Flash 动画创作的三大基本功的第一位。在绘图的过程中要学习怎样使用元件来组织图形元素，这也是 Flash 动画的一个特点。

2）补间动画

补间动画是整个 Flash 动画设计的核心，也是 Flash 动画最大的优点，它有动画补间和形状补间两种形式。用户学习 Flash 动画设计，最主要的就是学习补间动画设计。

在应用影片剪辑元件和图形元件创作动画时，有一些细微的差别，应该完整地把握这些

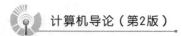
细微的差别。

3）遮罩

遮罩是 Flash 动画创作中所不可缺少的，这是 Flash 动画设计三大基本功能中重要的出彩点。使用遮罩配合补间动画，用户更可以创建更多丰富多彩的动画效果，如图像切换、火焰背景文字、"管中窥豹"等都是实用性很强的动画效果。

7.3.4　Photoshop 简介

Photoshop 简称 "PS"，是由 Adobe 公司开发和发行的图像处理软件。Photoshop 主要处理由像素所构成的数字图像。使用其众多的编修与绘图工具，可以有效地　进行图片编辑工作。Photoshop 有很多功能，在图像、图形、文字、视频、出版等各方面都有涉及。2003 年，Photoshop 更名为 Photoshop CS。2013 年 7 月，Adobe 公司推出了 Photoshop CC 版本。Adobe CC 没有对 Fireworks 升级，因此 Photoshop 今后将逐步取代 Fireworks，Adobe 支持 Windows 操作系统、Andriod 操作系统与 Mac OS，Linux 操作系统的用户可以通过使用 Wine 来运行 Photoshop。

Photoshop 功能与特点如下：

从功能上看，Photoshop 可分为图像编辑、图像合成、校色调色及特效制作等部分。图像编辑是图像处理的基础，可以对图像作各种变换，如放大、缩小、旋转、倾斜、镜像、透视等，也可复制图像，去除图像斑点，修补、修饰图像的残损等。这在婚纱摄影、人像处理中有非常重要的用途。

图像合成是将几幅图像通过图层操作、工具应用合成完整的、传达明确意义的图像，这是美术设计的必经之路。Photoshop 提供的绘图工具让外来图像与创意很好地融合，使图像的合成天衣无缝。

校色调色是 Photoshop 中深具威力的功能之一，用户可方便快捷地对图像的颜色进行明暗、色偏的调整和校正，也可在不同颜色间进行切换以满足图像在不同领域，如网页设计、印刷、多媒体等方面的应用。

特效制作在 Photoshop 中主要由滤镜、通道及工具综合应用完成。图像的特效创意和特效字的制作，如油画、浮雕、石膏画、素描等常用的传统美术效果都可借由 Photoshop 的特效完成。

● 本 章 小 结

本章主要介绍了网站建设的相关知识，主要有以下要点：

（1）网站建设的概念；

（2）网站设计的流程；

（3）网页设计的常用技术：HTML、HTML5、ASP、JSP、ASP．NET、PHP 等；

（4）网页设计的常用工具："网页设计三剑客"、Photoshop 等。

练习题

1. 简述网站建设的概念及网页设计的流程。
2. 静态网页和动态网页的区别是什么？
3. 网页设计的常见技术有哪些？
4. 网页设计的主要工具有哪些？其主要功能是什么？
5. 试用网页设计工具设计一个简单的网页。

第8章

物联网技术及其应用

知识目标

（1）理解物联网技术的三层架构及内涵；

（2）认识传感器件，了解传感技术和各类识别技术；

（3）了解物联网的组网方法和应用领域。

当个人计算机普及之后，困扰着机场终端、剧院以及其他需要排队出示身份证或票据等地方的瓶颈路段就可以被废除了。比如，当你走进机场大门时，你的个人计算机与机场的计算机相连就会证实你已经买了机票。开门时你也无须用钥匙或磁卡，你的个人计算机会向控制锁的计算机证实你的身份。

——比尔·盖茨

2018 年以来，全球物联网（Internet of Things，IoT）设备连接数保持强劲增势，设备接入量超 70 亿，行业渗透率持续提高，智慧城市、工业物联网应用场景快速拓展。美国、欧盟、日本等发达国家和地区更加重视物联网设备的安全性。

2018—2019 年，我国加大 IPv6、NB – IOT、5G 等基础设施投资，政策聚焦车联网、工业物联网等重点领域，生态布局进一步优化。数据显示，2018 年我国物联网产业规模已超 1.2 万亿元，物联网业务收入较上年增长 72.9%。

物联网应用走向开放化、规模化，5G 等新技术加速融合，开启了"万物智联"新时代。物联网应用从闭环、碎片化走向开放化、规模化，智慧城市、工业物联网、车联网等率先取得突破。5G、人工智能、区块链等新一代信息技术与物联网加速融合，开启了"万物智联""人机深度融合"的新时代。

据互联网数据中心（IDC）发布的《数据时代 2025》报告显示，无处不在的物联网设备正在将世界变成一个"数字地球"，预计到 2025 年，全球物联网设备的总安装量预计达到 754.4 亿，约是 2015 年的 5 倍。

8.1 物联网的定义及架构

1995 年比尔·盖茨在《未来之路》中首次描述了物联网的场景；中国科学院在 1999 年

启动了传感网（中国的物联网）的研究和开发；1999 年麻省理工学院正式提出物联网的概念；2005 年国际电信联盟（ITU）发布了关于物联网的专题报告，此后产生了"机器通信""泛在计算""感知网络"等新名词，但进展总是低于预期；2009 年，随着美国新能源战略的出台，以及 IBM 公司的"智慧地球"等营销词汇的出现，物联网再次风靡全球。

1. 物联网的定义

物联网是利用局部网络或互联网等通信技术把传感器、控制器、机器、人员和物等通过新的方式连接在一起，使人与物、物与物相连，实现信息化、远程管理控制和智能化的网络。简言之，物联网就是物物相连的互联网。这有两层意思：其一，物联网的核心和基础仍然是互联网，是在互联网基础上延伸和扩展的网络；其二，其用户端延伸和扩展到了任何物品与物品之间，也就是物物相连。物联网通过智能感知、识别技术与普适计算等通信感知技术，广泛应用于网络的融合中，也因此被称为继计算机、互联网之后世界信息产业发展的第三次浪潮。物联网是互联网的应用拓展，与其说物联网是网络，不如说物联网是业务和应用。因此，应用创新是物联网发展的核心，以用户体验为核心的创新是物联网发展的灵魂。

2. 物联网的架构

物联网的架构可分为 3 层——感知层、网络层和应用层，如图 8 - 1 所示。

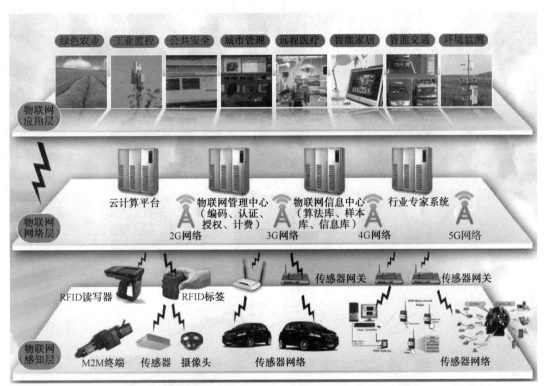

图 8 - 1　物联网的架构

感知层由各种传感器构成，包括温/湿度传感器、二维码标签、RFID 标签和读写器、摄像头、GPS 等感知终端。感知层是物联网识别物体、采集信息的来源，属于最低层、基础层。

网络层由各种网络，包括互联网、广电网、网络管理系统和云计算平台等组成，是整个物联网的中枢，负责传递和处理感知层获取的信息。

应用层是物联网和用户的接口，它与行业需求密切结合，实现物联网的智能应用。

3. 物联网的关键技术

（1）传感器技术：这也是计算机应用中的关键技术。到目前为止绝大部分计算机处理的都是数字信号。自从有计算机以来就需要传感器把模拟信号转换成数字信号。

（2）射频识别技术：射频识别（Radio Frequency Identification，RFID）又称为无线射频识别，是一种传感技术，可通过无线电信号识别特定目标并读写相关数据，其特点是可实现隔空识别，即识别系统与特定目标之间无须建立机械或光学接触。

（3）嵌入式系统技术：它是综合了计算机软/硬件、传感器技术、集成电路技术、电子应用技术为一体的复杂技术。经过几十年的演变，以嵌入式系统为特征的智能终端产品随处可见。嵌入式系统正在改变着人们的生活，推动着工业生产以及国防工业的发展。

8.2 传感器、条码与人的识别

1. 感知层

感知层由传感器和部分与传感器连成一体的传感网（无源传感器）组成，处于三层架构的最底层，这也是物联网最基础的连接和管理对象。广义来说，传感器（图8-2）是把各种非电量转换成电量的装置，非电量可以是物理量、化学量、生物量等。

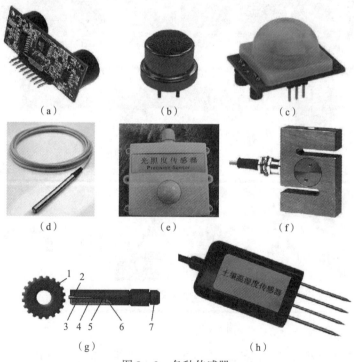

（a）   （b）   （c）

（d）   （e）   （f）

（g）   （h）

图8-2 各种传感器

（a）超声波传感器；（b）气敏元件；（c）红外线传感器；（d）水温传感器；（e）光强度传感器；（f）压力传感器；（g）转速传感器（1—测量齿轮；2—软铁；3—线圈；4—外壳；5—永磁铁；6—填料；7—插座）；（h）土壤温/湿度传感器

图 8-3 所示为汽车传感器，它把汽车运行中的各种工况信息，如车速、各种介质的温度、发动机运转工况等，转化成电信号输送给计算机，测量温度、压力、流量、位置、气体浓度、速度、光亮度、干湿度、距离等。

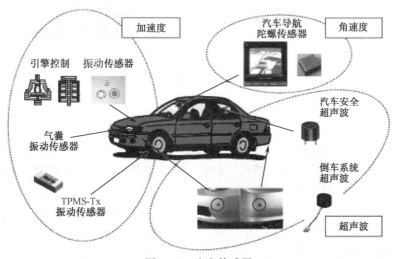

图 8-3　汽车传感器

2. 条形码技术

条形码是由一组规则排列的条、空以及对应的字符组成的标记，"条"指对光线反射率较低的部分，"空"指对光线反射率较高的部分，这些条和空组成的数据表达一定的信息，并能够用特定的设备识读，转换成与计算机兼容的二进制和十进制信息。条形码技术是感知识别技术之一。通常对于每一种物品，它的编码是唯一的，对于普通的一维条形码来说，还要通过数据库建立条形码与商品信息的对应关系，当条形码的数据传到计算机中时，由计算机中的应用程序对数据进行操作和处理。因此，普通的一维条形码在使用过程中仅作为识别信息，它的意义是通过在计算机系统的数据库中提取相应的信息而实现的。一维条形码如图 8-4 所示。

图 8-4　一维条形码

在水平和垂直方向的二维空间存储信息的条形码，称为二维条形码，简称"二维码"，如图 8-5 所示。它是用特定的几何图形按一定规律用在平面上分布的黑白相间的矩形方阵记录数据符号信息的新一代条形码技术。它由一个二维码矩阵图形和一个二维码号，以及下方的说明文字组成，具有信息量大、纠错能力强、识读速度快、全方位识读等特点。

条形码技术作为自动识别技术的一部分，是在计算机应用和实践中产生并发展起来的一种广泛应用于商业、邮政、图书管理、仓储、工业生产过程控制、交通等领域的自动识别技术，具有输入速度快、准确度高、成本低、可靠性高等优点，在当今的自动识别技术中占有重要的地位。

定位用图案

资料储存区

组成单元

图 8-5　二维条形码

3. 人的识别技术

人的识别技术主要有虹膜、指纹、人脸、掌纹等识别技术。

虹膜是眼睛中瞳孔内的织物状各色环状物，每一个虹膜都包含一个独一无二的基于像冠、水晶体、细丝、斑点、结构、凹点、射线、皱纹和条纹等特征的结构。据称，没有任何两个虹膜是一样的。虹膜识别如图 8-6 所示。

指纹由于具有终身不变性、唯一性和方便性，几乎成为生物特征识别的代名词。指纹是指人的手指末端正面皮肤上凸凹不平的纹线。纹线有规律地排列，形成不同的纹型。纹线的起点、终点、结合点和分叉点，称为指纹的细节特征点。指纹识别如图 8-7 所示。

图 8-6　虹膜识别　　　　　　　　　　　　图 8-7　指纹识别

人脸识别是基于人的脸部特征信息进行身份识别的一种生物识别技术。该技术用摄像机或摄像头采集含有人脸的图像或视频流，并自动在图像中检测和跟踪人脸，通常也叫作人像识别、面部识别，如图 8-8 所示。

掌纹识别是近几年提出的一种较新的生物特征识别技术。掌纹是指手指末端到手腕部分的手掌图像。其中很多特征可以用来进行身份识别，如主线、皱纹、细小的纹理、脊末梢、分叉点等。掌纹识别也是一种非侵犯性的识别方法，用户比较容易接受，且对采集设备要求不高。掌纹的形态由遗传基因控制，即使由于某种原因表皮剥落，新生的掌纹纹线仍保持原来的结构。每个人的掌纹纹线都不一样，即使是孪生同胞，他（她）们的掌纹也只是比较相似，而不会完全一样。掌纹识别如图 8-9 所示。

　　图 8-8　人脸识别　　　　　　　　　　　图 8-9　掌纹识别

8.3 射频识别技术

射频识别技术常用的有低频（125～134.2 kHz）、高频（13.56 MHz）、超高频、微波等技术。RFID 读写器也分移动式和固定式，目前射频识别技术应用很广，如图书馆、门禁系统、食品安全溯源等。

1. 电子标签

电子标签（图 8-10）又称为射频标签、应答器、数据载体；阅读器又称为读出装置、扫描器、读头、通信器、读写器（取决于电子标签是否可以无线改写数据）。电子标签与阅读器之间通过耦合元件实现射频信号的空间（无接触）耦合；在耦合通道内，根据时序关系，实现能量的传递和数据交换。

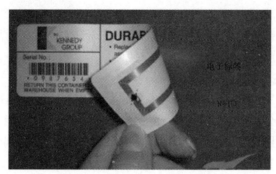

图 8-10 电子标签

最基本的电子标签系统由两部分组成：

（1）标签（tag）：由耦合元件及芯片组成，每个标签具有唯一的电子编码，高容量电子标签有用户可写入的存储空间，附着在物体上标识目标对象，如图 8-11 所示。

（2）阅读器（reader）：读取（或写入）标签信息的设备，可设计为手持式或固定式，如图 8-12 所示。

图 8-11 标签

图 8-12 阅读器

2. 电子标签的特性

（1）数据存储：与传统标签相比，容量更大（1～1 024 bit），数据可随时更新，可读写。

（2）读写速度：与条形码相比，无须直线对准扫描，读写速度更快，可进行多目标识别、运动识别。

（3）使用方便：体积小，容易封装，可以嵌入产品内。

（4）安全：采用专用芯片，序列号唯一，很难复制。

（5）耐用：无机械故障，寿命长，抗恶劣环境。

3. 电子标签的分类

在实际应用中，必须给电子标签供电它才能工作，虽然它的电能消耗是非常低的（一般是1/100 mW级别）。按照电子标签获取电能的方式不同，常把电子标签分成有源式电子标签、无源式电子标签及半有源式电子标签。

1）有源式电子标签

有源式电子标签通过标签自带的内部电池进行供电，它的电能充足，工作可靠性高，信号传送的距离远。有源式电子标签的识别距离最远是80 m，识别距离可调节，可识别能力在200个/s以上。

另外，有源式电子标签可以通过设计电池的不同寿命对标签的使用时间或使用次数进行限制，它可以用在需要限制数据传输量或者对使用数据有限制的地方。

（1）腕式有源标签（图8-13）。

腕式有源标签是特别为RFID人员管理系统设计的新型标签。腕带采用特殊材质，设计简洁，携带者将感到十分舒适。此外，该标签具有防水、防拆卸功能，除用于普通人员管理外，还可用于特殊人群监管，如精神病人或监狱犯人等。其传送距离为0~10 m；工作频率为2.4~2.5 GHz，ISM微波段；工作电流<10 μA，工作电压为3 V；可同时识别100个标签；使用寿命在1年以上。其典型应用为人员定位。

（2）RFID有源电子锁（图8-14）。

该电子锁的工作频率为433 MHz，内装锂电池。该电子锁采用RFID有源技术，可通过RFID手持机远程控制锁的关及开（识别距离为2~30 m，可调），用于油罐车运输、集装箱运输、大型物流等方面。

图8-13　腕式有源标签

图8-14　RFID可重复使用有源电子锁

（3）有源蓝牙标签（图8-15）。

其发射频率为433 MHZ，射频功率<1 mW，待机电流≤15 μA，读写速度≥100 kbit/s，接收角度为45°，卡位数为4个字节，读卡功耗≤3 mW，工作模式为唤醒式（光激活），电池在正常使用的情况下寿命达两年，具有抗阳光干扰能力和解决汽车隔热膜穿透问题的能力。

（4）无线有源RFID阅读器（图8-16）。

无线有源 RFID 阅读器可以识别 100 m 范围内所有方向的物品，用于人员定位、物流和仓库管理、闭环资产和高价值资产管理。其有 5 ~ 100 m 的可调识别距离。无线有源 RFID 阅读器通过符合 802.11b 无线通信标准的 WiFi 与主机系统进行数据交流。

图 8 – 15　有源蓝牙标签

图 8 – 16　无线有源 RFID 阅读器

2）无源式电子标签

无源式电子标签的内部不带电池，需靠外界无限电磁波提供能量才能正常工作。无源式电子标签中有天线和线圈，当标签进入系统的工作区域时，天线接收到特定的电磁波，线圈就会产生感应电流，再经过整流并给电容充电，电容电压经过稳压后形成工作电压，供标签工作使用。无源式电子标签具有永久的使用期，支持长时间的数据传输和永久性的数据存储。

（1）低频段电子标签。

低频段电子标签的工作频率为 30 ~ 300 kHz。其典型工作频率有 125 kHz、133 kHz。低频电子标签的阅读距离一般小于 1 m。其典型应用有：动物识别、容器识别、工具识别、电子闭锁防盗等。用于动物识别的低频段电子标签有项圈式、耳牌式、注射式、药丸式等，如图 8 – 17 所示。

图 8 – 17　用于动物识别的低频段电子标签

（a）牛耳标 RFID；（b）鸽子脚环 RFID；（c）猴子的 RFID 项圈；（d）注射式电子标签

低频段电子标签阅读器如图 8-18 所示。它具有功耗低、稳定性高、读卡距离远、携带方便等特点，可应用于宠物管理、资产管理以及畜牧业中对电子耳标的数据采集。

（2）中高频段电子标签。

中高频段电子标签的工作频率一般为 3~30 MHz，典型工作频率为 13.56 MHz。其工作原理与低频段电子标签完全相同，即采用电感耦合方式工作，所以宜将其归为低频段电子标签。根据无线电频率的一般划分，其工作频段又称为高频，所以也常常将其称为中高频段电子标签。中高频段电子标签的读取距离一般情况下也小于 1 m（最大读取距离为 1.5 m）。

中高频段电子标签可方便地做成卡状，其典型应用包括：电子车票、电子身份证、电子闭锁防盗（电子遥控门锁控制器）等，如图 8-19 所示。相关的国际标准有：ISO 14443、ISO 15693、ISO 18000-3（13.56 MHz）等。

图 8-18　低频段电子标签阅读器

图 8-19　各种证件 RFID

中高频段标签阅读器如图 8-20 所示。

（3）特高频（UHF）无源电子标签（图 8-21）。

特高频（UHF）是指波长范围为 1 m~1 dm，频率为 300~3 000 MHz 的无线电波，常用于移动通信和广播电视领域。特高频（UHF）无源电子标签具有识别距离远、识读率高、防冲突能力强、可扩展性好等特点，读卡距离达 3~10 m，每秒可读 100 张卡。

图 8-20　中高频段电子标签阅读器

图 8-21　特高频（UHF）无源电子标签

特高频（UHF）射频识别系统（图 8-22）由 RFID 读写器、射频天线、射频电缆、通信电缆（包括串口和网口）和个人计算机或服务器等组成。其中 RFID 读写器是远程无线射频识别系统的关键部件，适用于读、写符合 EPC ISO 18000-6C、ISO 18000-6B 国际标准通信协议的 EM、Philips 的电子卷标，其广泛应用于车辆自动识别管理、高速公路不停车收费、海关车辆自动识别、铁路车号识别与调度、物流管理、门禁管理等领域。

无源式电子标签数据传输的距离虽然比有源式电子标签短，并且需要敏感性比较高的信号接收器才能可靠识读。但其价格、体积、易用性决定了它是电子标签的主流。

3）半有源式电子标签

半有源式电子标签（图8-23）集成了有源式电子标签和无源式电子标签的优势，常作为一种特殊的标示物。在平时，其处于休眠状态不工作，不向外界发出射频信号，只有在其进入低频激活器的激活信号范围，标签被激活后才开始工作。半有源式大功率读卡器如图8-24所示。

半有源式电子标签一般使用纽扣电池供电，具有较远的读取距离。其典型的应用包括：移动车辆识别、电子身份证、仓储物流应用、电子闭锁防盗（电子遥控门锁控制器）等。

图8-22 特高频（UHF）射频识别系统

图8-23 半有源式电子标签

图8-24 半有源式大功率读卡器

半有源式射频识别是一项易于操控、简单实用且特别适用于自动化控制的应用技术，其识别工作无须人工干预，既可支持只读工作模式，也可支持读写工作模式，且无须接触或瞄准，可在各种恶劣环境下自由工作。短距离射频产品不怕油渍、灰尘污染等恶劣的环境，可以替代条码，如在工厂的流水线上跟踪物体。长距射频产品多用于交通领域，其识别距离可达几十米，如自动收费或识别车辆身份等，特别在我国比较普及的高速公路 ETC 不停车收费系统中得到广泛应用，如图8-25所示。通过安装在车辆挡风玻璃上的车载电子标签（又叫车载终端）与在收费站 ETC 车道上的微波路测单元之间的微波专用短程通信，利用计算机联网技术与银行进行后台结算处理，从而达到车辆通过道路收费站时无须停车就能缴费的目的。

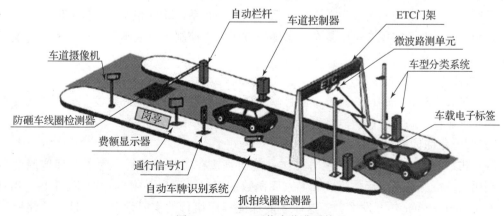

图8-25 ETC 不停车收费系统

8.4 嵌入式系统

国际电气和电子工程师协会（IEEE）对嵌入式系统的定义为"用于控制、监视或者辅助操作机器和设备的装置"。这主要是从应用对象上加以定义，从中可以看出嵌入式系统是软件和硬件的综合体，它还涵盖了机械等附属装置。

国内普遍认同的嵌入式系统的定义为：以应用为中心，以计算机技术为基础，软、硬件可裁剪，适应应用系统对功能、可靠性、成本、体积、功耗等严格要求的专用计算机系统。

可以这样认为，嵌入式系统是一种专用的计算机系统，作为装置或设备的一部分。通常，嵌入式系统是一个控制程序存储在 ROM 中的嵌入式处理器控制板。事实上，所有带有数字接口的设备，如手表、微波炉、录像机、汽车等，都使用嵌入式系统，有些嵌入式系统还包含操作系统，但大多数嵌入式系统都由单个程序实现整个控制逻辑。

1. 嵌入式系统的特点

从嵌入式系统的构成上看，嵌入式系统是集软、硬件于一体的，可独立工作的计算机系统；从外观上看，嵌入式系统像一个"可编程"的电子"器件"；从功能上看，嵌入式系统是对宿主对象进行控制，使其具有"智能"的控制器。从应用的角度看，嵌入式系统与通用计算机系统相比有如下特点。

1）系统内核小、功耗低

由于嵌入式系统一般应用于小型电子装置，系统资源相对有限，所以内核较传统的操作系统小得多。比如 ENEA 公司的 OSE 分布式系统，内核只有 5 KB，而 Windows 的内核则大得多。

2）专用性强

嵌入式系统的个性化很强，其中的软件系统和硬件的结合非常紧密，一般要针对硬件进行系统的移植。即使在同一品牌、同一系列的产品中也需要根据硬件的变化和增减，不断进行修改。这种修改和通用软件的"升级"是完全不同的概念。

3）可裁剪性好

针对不同的任务，往往需要对系统进行较大的裁剪，仅保留完成任务必需的硬件和软件，确保系统的经济型和实效性。嵌入式系统一般没有系统软件和应用软件的明显区分，不要求其在功能设计及实现上过于复杂，这样一方面利于控制系统成本，同时也利于实现系统安全。

4）可靠性高、实时性高

这是对嵌入式软件的特殊要求，而且软件要求固态存储，以提高速度。软件代码要求高质量和高可靠性、高实时性，以确保宿主系统对复杂环境的适应性。

5）开发走向标准化

嵌入式系统的应用程序可以没有操作系统而直接在芯片上运行。为了合理地调度多任务，利用系统资源、系统函数以及和专家库函数的接口，用户必须自行选配 RTOS（Real - Time Operating System）开发平台，这样才能保证程序执行的实时性、可靠性，并缩短开发时间，保障软件质量。

2. 嵌入式系统的体系结构

1）硬件平台

嵌入式系统的核心部件是各种类型的嵌入式处理器，嵌入式开发硬件平台的选择主要是嵌入式处理器的选择。在一个系统中使用什么样的嵌入式处理器内核主要取决于应用的领域、用户的需求、成本、开发的难易程度等因素。确定了嵌入式处理器内核以后，就要考虑系统外围设备的需求情况，以选择一款合适的处理器。应考虑的外围设备有：总线的需求、通用串行接口、USB 总线、以太网接口、音频 D/A 连接、外设接口，A/D 或 D/A 转换器，I/O 控制接口等。另外，还要考虑嵌入式处理器的寻址空间、是否有片上的 Flash 存储器、处理器是否容易调试和仿真，以及调试工具的成本和易用性等相关内容。在实际过程中，挑选最好的硬件是一项很复杂的工作，充满各种挑战因素，如其他工程的影响、完整或准确信息的缺失等。嵌入式开发硬件平台如图 8 – 26 所示。

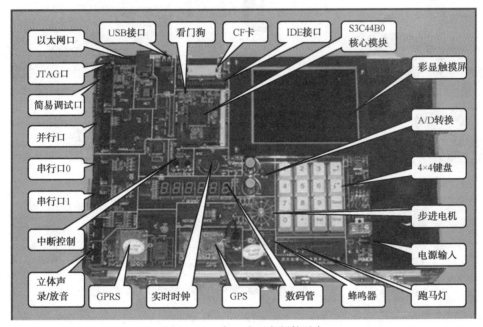

图 8 – 26　嵌入式开发硬件平台

2）实时操作系统

实时操作系统的种类繁多，大体上可分为两种：商用型和免费型。商用型的实时操作系统功能稳定、可靠，有完善的技术支持和售后服务，但往往价格高。免费型的实时操作系统在价格方面具有优势，目前主要有 Linux 和 C/OS。不管选用什么样的系统，都要考虑操作系统的硬件支持程度、开发工具的支持程度和其能否满足应用需求。

由此可见，选择一款既能满足应用需求，性价比又最佳的实时操作系统，对开发工作的顺利开展意义重大。

自从物联网概念诞生之日起，嵌入式系统就成为物联网技术的重要组成部分。如果把由物联网管辖的物体用人体作一个简单比喻，传感器相当于人的眼睛、鼻子、皮肤等感官，网络就是神经系统，用来传递信息，嵌入式系统则是人的大脑，它在接收到信息后要对其进行分类处理。这个比喻形象地描述了嵌入式系统在物联网应用中的位置与作用。

嵌入式系统在绿色农业、工业监控、移动医疗、移动办公、军工协同、公共安全、城市管理、远程医疗、智能家居、智能交通和环境监测、智能电网监控等领域均有广泛应用。

8.5　物联网传输层技术

网络层位于感知层和应用层中间，负责两层之间的数据传输。感知层采集的数据需要经过通信网络传输到数据中心、控制系统等进行处理或存储。网络层就是利用公网或者专网以无线或者有线的通信方式，提供信息传输的通路。体现网络层作用的主要设备就是物联网网关，如图 8－27 所示，它负责感知层向网络层传输信息，再把这些信息传输到位于互联网中的应用层。物联网网关使用的通信技术主要有 ZigBee、蓝牙、GPS、WiFi、无线移动通信技术、卫星通信技术、互联网技术。

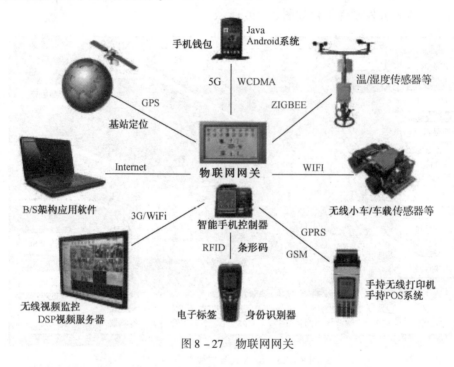

图 8－27　物联网网关

1. ZigBee 无线技术

ZigBee（又称"紫蜂协议"）是基于 IEEE802.15.4 标准的低功耗局域网协议。根据国际标准的规定，ZigBee 技术是一种短距离、低功耗的无线通信技术。这一名称来源于蜜蜂的"八"字舞，蜜蜂（bee）是靠飞翔和"嗡嗡"（zig）地抖动翅膀的"舞蹈"与同伴传递花粉所在方位信息，也就是说蜜蜂依靠这样的方式构成了群体中的通信网络。其特点是近距离、低复杂度、自组织、低功耗、高数据速率。其主要适用于自动控制和远程控制领域，可以嵌入各种设备。简而言之，ZigBee 是一种便宜的、低功耗的近距离无线组网通信技术。

ZigBee 组网通信示意如图 8－28 所示。

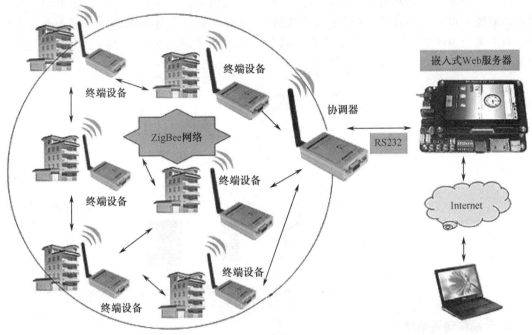

图 8 – 28　ZigBee 组网通信示意

2. 蓝牙无线技术

蓝牙无线技术产品是采用低能耗无线电通信技术来实现语音、数据和视频传输的，其传输速率最高为 1 Mbit/s，以时分方式进行全双工通信，通信距离为 10m 左右，配置功率放大器可以使通信距离进一步增加。

蓝牙无线技术产品与 Internet 之间的通信，使家庭和办公室的设备不需要电缆也能够实现互通互联，大大提高了办公和通信效率。因此，"蓝牙"已成为无线通信领域的新宠，因为广大用户提供极大的方便而受到青睐。

蓝牙控制机器人如图 8 – 29 所示。

3. WiFi 技术

WiFi 是"无线保真"（Wireless Fidelity）的英文

图 8 – 29　蓝牙控制机器人

缩写，它与蓝牙无线技术一样，同属于在办公室和家庭中使用的短距离无线技术。该技术使用空闲的 2.4 GHz 附近的频段，该频段目前尚属不用许可的无线频段。目前可使用的标准有 IEEE802. 11a、IEEE802. 11b、IEEE802. 11g 和 IEEE802. 11n。

WiFi 技术的突出优势如下：

（1）无线电波的覆盖范围广。基于蓝牙无线技术的电波的覆盖范围非常小，半径只有 15 m 左右，而 WiFi 的半径则可达 100 m 左右，办公室自不用说，就是在整栋大楼中也可使用。甚至有些厂家的网络产品能够把目前 WiFi 无线网络的通信距离扩大到约 6.5 km。

（2）传输速度非常快，可以达到 11 Mbit/s，符合个人和社会信息化的需求。

（3）厂商进入该领域的门槛比较低。厂商只要在机场、车站、咖啡店、图书馆等人员较密集的地方设置"热点"，并通过高速线路将 Internet 接入上述场所即可。接入点覆盖半径达数十米至 100 米，只要用户有支持 WiFi 的设备就可上网。WiFi 无线上网示意如图 8 – 30 所示。

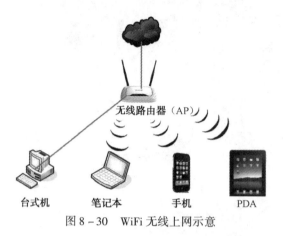

图 8 – 30 WiFi 无线上网示意

4. 无线移动通信技术

全球无线移动通信技术已从众所周知的 GSM、2G、3G、4G，发展到现在的 5G。其逐渐从单一的语音传输，向数字、音频、视频等网络多媒体信息传输转移，且比例越来越大。图 8 – 31 所示为 5G 通信技术示意。

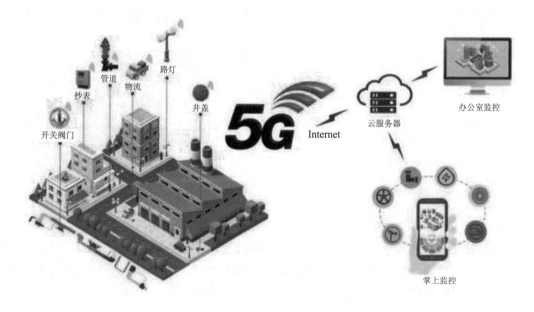

图 8 – 31 5G 通信技术示意

5. 卫星定位技术

全球定位系统（Global Positioning System，GPS），是美国从 20 世纪 70 年代开始研制，

于 1994 年全面建成，具有海、陆、空全方位实时三维导航与定位能力的新一代卫星导航与定位系统。GPS 定位技术示意如图 8-32 所示。

北斗卫星导航系统是中国自行研制的全球卫星定位与通信系统（BDS），2020 年 5 月发射最后一颗卫星后，北斗卫星导航系统全面完成 55 颗卫星建设任务。它是继美国的 GPS 和俄罗斯的 GLONASS 之后第三个成熟的卫星导航系统。该系统由空间端、地面端和用户端组成，可在全球范围内全天候、全天时为各类用户提供高精度、高可靠定位、导航、授时服务。

图 8-32　GPS 定位技术示意

6. 卫星通信技术

该技术由通信卫星和经通信卫星连通的地球站两部分组成。静止通信卫星是目前全球卫星通信系统中最常用的星体，它是将通信卫星发射到赤道上空 35 860 km 的高度上，使卫星运转方向与地球自转方向一致，并使卫星的运转周期正好等于地球的自转周期（24 小时），从而使卫星与地球始终保持同步运行状态，故静止卫星也称为同步卫星。静止卫星天线波束的最大覆盖面可以达到地球表面总面积的三分之一以上。因此，在静止轨道上，只要等间隔地放置 3 颗通信卫星，其天线波束基本上就能覆盖整个地球（除两极地区外），实现全球范围的通信。目前使用的国际通信卫星系统就是按照上述原理建立起来的，3 颗卫星分别位于大西洋、太平洋和印度洋上空。卫星通信技术如图 8-33 所示。

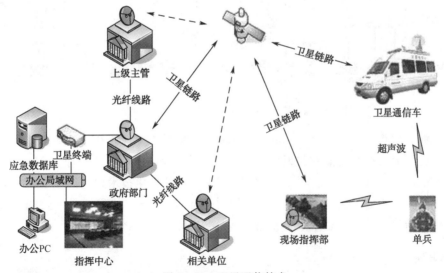

图 8-33　卫星通信技术

总之，以上技术为传感层设备联网奠定了基础，也使物联网技术能够大批量地应用到各行各业、人们的日常生活之中，提高了生产企业的智能化、网络化、无人化水平，逐步提高了人民的生活质量、生活品质。

8.6 物联网应用案例

物联网在工业、农业、军事、智能交通、智能家居等领域应用广泛，是下一个互联网应用高地，有专家预测其应用价值是当今互联网的 30 倍以上。

1. 工业物联网

工业物联网（Industrial Internet of things，IIoT）是指物联网在工业领域的应用，是互联网和新一代信息技术与工业系统全方位深度融合所形成的产业和应用生态。其本质是以机器、原材料、控制系统、信息系统、产品以及人之间的网络互联为基础，通过工业数据的全面深度感知、实时传输交换、快速计算处理和高级建模分析，实现智能控制、运营优化和生产组织方式变革。基于工业物联网的智能工厂解决方案如图 8-34 所示。

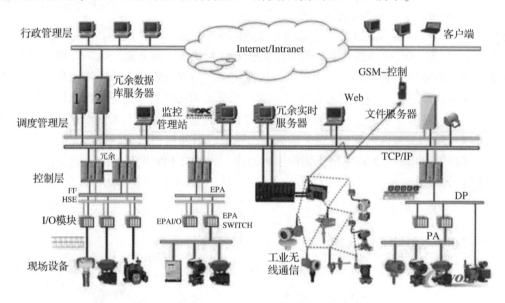

图 8-34 基于工业物联网的智能工厂解决方案

近期，业界聚焦"工业 4.0"（Industry 4.0），所谓"工业 4.0"是基于工业发展的不同阶段作出的划分。按照目前的共识，"工业 1.0"是蒸汽机时代，"工业 2.0"是电气化时代，"工业 3.0"是信息化时代，"工业 4.0"则是利用信息化技术促进产业变革的时代，也就是智能化时代。由此可见"工业 4.0"和"中国制造 2025"的目标是一致的，就是从中国制造向中国智造转型，这是基于工业物联网的智能工厂建设的努力方向。

2. 车联网

车联网的概念源于物联网，即车辆物联网，是以行驶中的车辆为信息感知对象，借助新一代信息通信技术，实现车与云平台、车与车、车与路、车与人、车内等全方位网络连接，主要实现了"三网融合"，即将车内网、车际网和车载移动互联网的融合。车联网提升车辆整体的智能驾驶水平，为用户提供安全、舒适、智能、高效的驾驶感受与交通服务，同时提高交通运行效率，提升社会交通服务的智能化水平。

车联网是利用传感技术感知车辆的状态信息，并借助无线通信网络与现代智能信息处理技术实现交通的智能化管理，以及交通信息服务的智能决策和车辆的智能化控制。

（1）车与云平台间的通信是指车辆通过卫星无线通信或移动蜂窝等无线通信技术实现与车联网服务平台的信息传输，接受云平台下达的控制指令，实时共享车辆数据。

（2）车与车间的通信是指车辆与车辆之间实现信息交流与信息共享，包括车辆位置、行驶速度等车辆状态信息，可用于判断道路车流状况。

（3）车与路间的通信是指借助地面道路固定通信设施实现车辆与道路间的信息交流，用于监测道路路面状况，引导车辆选择最佳行驶路径。

（4）车与人间的通信是指用户可以通过 WiFi、蓝牙、蜂窝等无线通信手段与车辆进行信息沟通，使用户能通过对应的移动终端设备监测并控制车辆。

（5）车内设备间的通信是指车辆内部各设备间的信息数据传输，用于对设备状态的实时检测与运行控制，建立数字化的车内控制系统。

车联网示意如图 8-35 所示。

图 8-35　车联网示意

3. 智慧农业

智慧农业就是将物联网技术运用到传统农业中，运用传感器和软件通过移动平台或者计算机平台对农业生产进行控制，使传统农业具有"智慧"。除了精准感知、控制与决策管理外，从广泛意义上讲，智慧农业还包括农业电子商务、食品溯源防伪、农业休闲旅游、农业信息服务等方面的内容。

智慧农业在技术上，充分应用现代信息技术成果，集成应用计算机与网络技术、物联网技术、音/视频技术、遥感技术、地理信息系统、全球定位系统、无线通信技术及专家智慧与知识，实现农业可视化远程诊断、远程控制、灾变预警等智能管理。

智慧农业是农业生产的高级阶段，是集新兴的互联网、移动互联网、云计算和物联网技术为一体，依托部署在农业生产现场的各种传感节点（环境温/湿度、土壤水分、二氧化碳、图像等）和无线通信网络实现农业生产环境的智能感知、智能预警、智能决策、智能控制、智能分析、专家在线指导，为农业生产提供精准化种植、可视化管理、智能化决策。

它与现代生物技术、种植技术等高新技术融于一体，对建设世界水平农业具有重要意义。

图8-36所示是智慧农业解决方案示例。

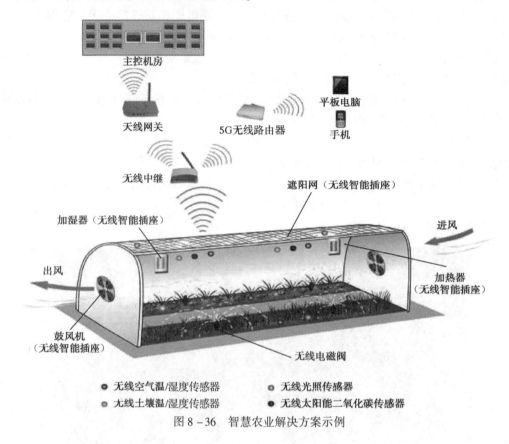

图8-36　智慧农业解决方案示例

● 本章小结

本章主要介绍了物联网的相关知识，主要有以下要点：

（1）物联网的架构和关键技术，感知层、网络层和应用层的含义；

（2）传感器技术及应用，包括条形码技术及应用、自动识别技术及应用、射频识别技术及应用、嵌入式系统及应用等感知层的内容；

（3）传输层的作用和相关传输技术，如ZigBee技术、蓝牙无线技术、WiFi技术、GSM技术、5G技术、GPS定位技术、卫星通信技术、物联网网关等；

（4）工业物联网、车联网、智慧农业等物联网应用样例。

● 练习题

1. 射频识别的硬件组成是什么？

2. 简述物联网的三层架构。

3. 物联网当前主要应用于哪些领域？

4. 论述嵌入式系统与物联网的关系。

第9章

<<<<<

电子商务

（1）了解电子商务及其发展状况；

（2）理解常见电子商务的商业模式；

（3）掌握常用网络营销方法的内涵；

（4）了解电子商务的发展趋势。

电子商务，本质是商务，成败在营销，关键是人才，没有电子商务的经营人才，不可能有真正的电子商务。

据中商产业研究院报道，随着互联网的快速发展，电子商务行业发展迅猛，作为互联网和相关服务业的新业态，不仅创造了新的消费需求，同时也引发了投资新潮，开辟了就业增收新渠道，为大众创业、万众创新提供了新空间。前瞻产业研究院预计到 2025 年，我国电子商务的成交规模有望突破 60 万亿元。

9.1　电子商务及发展

电子商务的应用非常广泛，人们对电子商务的定义也各有特点，大都从"电子"和"商务"两个角度进行了论述，认为电子是手段，商务是本质，电子商务是传统商务的发展，其组成要素也与网络密不可分，对社会经济的影响会越来越大。

1. 电子商务的概念

电子商务存在于现实生活中的方方面面——网上购物、网上订餐、网上娱乐、网上支付、游戏、音乐、软件、网上银行、旅游预订、农产品销售、网上学习……，那究竟什么是电子商务，人们广泛认可的定义是：

电子商务（E-Commerce）从广义上说，是指以电子设备为媒介进行的商务活动；从狭义上说，是指以 Internet 为基础所进行的各类商务活动，包括商品和服务的提供者、广告商、消费者、中介商等有关各方行为的总和。广义的电子商务包括狭义的电子商务、电话购物、电视购物、电子政务等，如图9-1所示。本书中的电子商务如不特别说明，指的是狭义的电子商务。

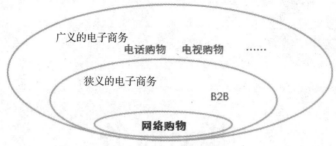

图9-1　电子商务的定义

对电子商务的理解，应从"Internet"和"商务"两个层面考虑。一方面，电子商务是基于Internet进行的商务活动；另一方面，"商务"包括各种商务活动，不仅指交易，还有支付、物流等。电子商务所覆盖的范围应当是这两个方面所形成的交集，如图9-2所示。简言之，电子商务是指利用互联网开展的商务活动的全称。

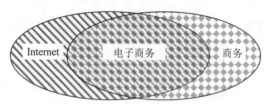

图9-2　对电子商务的理解图示

2. 电子商务的组成要素

由电子商务的运作过程可知，要开展安全、高效的电子商务活动，它应该由计算机网络、商家、用户、银行、配送中心、认证中心六大要素组成，如图9-3所示。

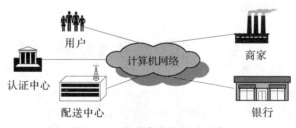

图9-3　电子商务的组成要素

3. 电子商务的发展

自从2007年我国第一个电子商务五年发展规划发布以来，经过多年快速发展，我国电子商务已从高速增长进入高质量发展的全新阶段。从国内方面看，2019年我国网络购物用户规模达7.10亿，我国网络零售额达到10.6万亿元，提前一年完成"十三五"设定的10万亿元目标；其中实物商品网上零售额对同期社会消费品零售总额的增长贡献率达45.7%，接近半壁江山，电子商务已成为我国居民消费的主要渠道。随着线上、线下融合发展不断深化，跨界融合新模式新业态不断涌现，电子商务也成为我国经济增长的新引擎。从国际方面看，截至 2019 年，我国已连续 7 年成为全球最大的网络零售市场，成为举世公认的电子商务大国。我国电子商务通过跨境电商主渠道走出国门，有力带动了"一带一路"沿线国家地区和世界其他地区的经济和就业增长。在电子商务国际规则领域，我国也已成为规则制定的积极贡献者和重要参与者。

网络购物市场保持较快发展，下沉市场、跨境电商、模式创新为网络购物市场提供了新的增长动能：在地域方面，以中小城市及农村地区为代表的下沉市场拓展了网络消费增长空间，电子商务平台加速渠道下沉；在业态方面，跨境电子商务零售进口额持续增长，利好政策进一步推动行业发展；在模式方面，直播带货、工厂电子商务、社区零售等新模式蓬勃发展，成为网络消费增长新亮点。

我国 2020 年春节期间，新冠肺炎疫情防控和生活必需品保供工作中，电子商务充分发挥其技术、网络和平台优势，成为抗疫保供中的重要力量，从侧面体现出电子商务对我国经济和社会发展的巨大作用。

9.2　电子商务商业模式

商业模式是指为实现各方价值最大化，把能使企业运行的内、外各要素整合起来，形成一个完整的、高效率的、具有独特核心竞争力的运行系统，并通过最好的实现形式来满足客户需求，实现各方价值（各方包括客户、员工、合作伙伴、股东等利益相关者），同时使系统达成持续赢利目标的整体解决方案。

简言之，商业模式是描述与规范一个企业创造价值、传递价值以及获取价值的核心逻辑和运行机制。

9.2.1　电子商务商业模式的内涵及构成要素

电子商务商业模式是电子商务项目满足消费者需求的系统，这个系统管理企业的各种资源（资金、原材料、人力资源、作业方式、销售方式、信息、品牌和知识产权、企业所处的环境、创新力等），形成能够提供给消费者必须购买的产品和服务，以最终获得利润为目的。

电子商务商业模式的构成要素如下。

1. 战略目标

战略目标就是企业价值的社会定位，即企业使命。电子商务运营商为客户提供的价值可以表现在产品或服务的差别化、低成本和目标集聚战略上。

2. 目标用户

目标用户一般是消费企业产品和服务的客户。用户群一方面有地域特征，另一方面还有性别、年龄、职业、受教育程度、生活方式和收入水平等人口学特征。

3. 产品或服务

产品或服务是企业和客户的纽带，是生产价值向使用价值传递的载体，企业必须决定向用户提供具有什么特殊品质的产品或服务。

4. 赢利模式

赢利模式是企业或个人在市场竞争中逐步形成的企业特有的赖以盈利的商务结构及其对应的业务结构，是企业的一种获利方式。

5. 核心能力

核心能力是相对稀缺的资源和有特色的服务能力，它能够创造长期的竞争优势。核心能力是公司的集体智慧，特别是指那种把多种技能、技术和流程集成在一起以适应快速变化的环境的能力。

网上商家实现收益常见的5种方式如下：

（1）商务活动，销售产品或者服务给顾客或企业获利，如天猫商家。

（2）广告与搜索竞价排名，销售广告空间给有兴趣的广告客户而获利，如天猫商城。

（3）收取信息费，向预定信息内容、服务、参与拍卖等活动的顾客收取费用，如出售价格信息、收费游戏、收费电影、打赏捐赠。

（4）出售用户信息获利，收集顾客的相关行为信息，出售给对其感兴趣的个人和公司，如活跃在淘宝网上的店主有上百万，更有几千万注册会员，这本身就是一种资源，数据都可以卖给需要的公司，通过这些交易数据就可以分析消费着的消费行为、商家商品布局等。

（5）通过信用融资获利，从消费者手中取得资金，过一段时间再付给卖主，从中担任信用担保角色，如支付宝就利用这些沉淀的资金进行投资盈利；甚至可直接开展存、贷款融资服务，如余额宝、花呗等。

9.2.2 典型电子商务商业模式分类

电子商务自产生以来，其商业模式就相伴而行。从商务活动的参与方性质来划分，比较典型的有企业对企业（B2B）、企业对个人（B2C）、个人对个人（C2C）；从服务的区域来划分，有线上线下结合（O2O）、跨境电商模式；从一次购买的数量来划分，有团购、拼购等模式；以及面向不同行业的商业模式，如面向金融行业的P2P模式。

1. 企业对个人（B2C）电子商务商业模式

B2C（Business to Customer）电子商务是以Internet为主要手段，由商家或企业通过自己的网站，或借助他人网站，向客户提供商品和服务的一种商务模式，这种模式是网上应用最广泛的一种。如京东、天猫、苏宁易购等商城，以及入住商城的企业就是这样一种模式。其通常分两种情况：

（1）卖方为企业，买方为个人的电子商务商业模式，如购物商城。

（2）买方为企业，卖方为个人的电子商务商业模式，如企业招聘网站。

2. 企业对企业（B2B）电子商务商业模式

B2B（Business to Business）电子商务为企业级采购、分销等供应链过程提供服务。B2B

电子商务模式深度融入相应行业之后，把买、卖双方松散的供求关系变为紧密的供求关系，能够扮演供应链资源整合者的角色。

竞争策略：在积累了一定的客户资源后必然寻找新需求与高增值发展方向；通过整合各方资源提供集中物流服务、公共服务、信用保障服务、支付服务，并对客户决策产生影响。如阿里巴巴就是 B2B 平台，它为企业和企业之间的物资交流搭建了交易平台。

3. 个人对个人（C2C）电子商务模式

C2C（Customer to Customer）电子商务模式是消费者通过网络与消费者进行个人交易，如个人拍卖等形式。淘宝商城初期即提供 C2C 服务。

其特点如下：

（1）交易成本较低；

（2）经营规模不受限制；

（3）信息搜集便捷；

（4）销售范围和销售力度较大。

盈利模式：会员交费、交易提成、收取广告费、搜索排名竞价、支付环节收费。

4. 线上线下结合（O2O）电子商务模式

O2O（Online to Offline）是指将线下的商业机会与互联网结合，让互联网成为线下交易的前台，这样线下服务就可以在线上揽客，消费者可以在线上筛选服务，成交后可以在线结算，商品很快线下送达。

线下实体店是满足消费品或消费品体验的直接提供者。线上订货、订餐，线下送货、送餐，是传统线下实体店、专卖店的一种转型方式。通常，线下商品或服务要有个性，如百年老字号店、著名品牌店等。由此可见该模式适合实体店离消费者较近的情况，如在同一个城市中，O2O 的核心是快速，距离太远难以完成。无法想象某人上午 10 点从北京订的一份全聚德的烤鸭，中午 12 点就被送到青岛的餐桌上。2020 年春节新冠肺炎疫情期间，以这种 O2O 模式为鲜明特征的社区电子商务获得了爆发式增长。

对于传统的零售商超，借助 O2O 模式就可实现快速转型发展，即所谓"新零售"（New Retailing）。新零售是个人、企业以互联网为依托，通过运用大数据、人工智能等先进技术手段，对商品的生产、流通与销售过程进行升级改造，进而重塑业态结构与生态圈，并对线上服务、线下体验以及现代物流进行深度融合的零售新模式。

新零售是"线上 + 线下 + 物流"，其核心是以消费者为中心的会员、支付、库存、服务等方面数据的全面打通。线上有云平台，线下有销售门店或生产商，新物流消灭库存，减少囤货量，扩大企业效益来源。

5. 团购模式

团购就是团体购物，指认识或不认识的消费者联合起来，加大与商家谈判的能力，以求得最优价格的一种购物方式。根据薄利多销的原理，商家可以给出低于零售价格的团购折扣和单独购买得不到的优质服务。

团购网站根据与商家协议好的产品或服务，在网上进行团购折价推介，通过团购网站平台，把有意购买低价打折商品的互不认识的消费者限时召集起来，组合成一个团购队伍。当这个团购队伍达到一定的人数后，就可以团购。阿里系的"聚划算"就是团购的典型代表。

这几年发展迅猛的"拼多多"是一种进化的网上团购模式，虽然也是以团购价购买某件商品，但其瞄准的是三、四、五线城市人群，以低价大量拉取用户。比如一件衣服正价为58元，通过拼团只要39元就可以购买。用户可以将拼团的商品链接发给好友，如果拼团不成功，那么就会退货。商品链接通过微信朋友圈、QQ群向亲朋好友发布，借助社交网络实现了用户数量的层层裂变。"拼多多"成立于2015年，在2018年即达到月流水400亿元的规模。

6. 跨境电子商务模式

跨境电子商务是指分属不同国家海关环境的交易主体，通过电子商务平台达成交易，进行电子支付结算，并通过跨境电商物流及异地仓储送达商品，从而完成交易的一种国际商业活动。根据进出口商品的经营方式，跨境电子商务可分为9种模式：

（1）平台模式，如天猫国际，电商将第三方商家引入平台，提供商品服务，收入基本靠佣金，问题是第三方商家的品质难以保障。

（2）"自台＋平台"模式，如京东，一部分采取自营，一部分允许商家入驻，供应链管理能力强，对爆款标品采取自营，对非标品可引进商家，单品丰富；提供正品真货，与品牌建立稳固关系，打通了产品的流通环节，属于重资产模式。

（3）闪购模式，如唯品会、聚美优品，凭借积累的闪购经验及用户黏性，采取低价抢购策略，产品更换快，新鲜度高，客户重复购买率和高折扣带来足够的利润空间，容易产生用户二次购买，能够最大化利用现金流，物流成本高，门槛低，但竞争激烈。

（4）线下转型O2O，如苏宁易购、优盒网，依托线下门店和资源优势，同时布局线上平台，形成O2O闭环，和实体店、富有经验的采购团队与线上平台形成协同效应，但线上引流能力不足，客户黏性需要长时间培养。

（5）"买手制＋海外直邮平台"模式，如洋码头，平台引入海外专业买手提供商品服务，依托自身官方国际物流承运，保证商品来自海外且全程密封安全。买手群体庞大，商品多元，且100%来自海外，同时已建立国际物流门槛，运输时效有保证。

（6）垂直自营平台，如蜜芽网，品类的专项化程度高，深耕某一个特定领域，供应链模式多样，可选择代采直采、保税和直邮。单一品类细分程度高，前期需要较大资金支持。

（7）自营模式，如考拉海购、1号店、亚马逊海外购等，电商从供应商采购商品销售给客户，商品源可控，消费者有保障，实现一站式购物，但毛利水平低，品类选择少，单品少。

（8）导购返利平台模式，如55海淘、什么值得买，通过编辑海外电商信息达到引流目的，再将订单汇总给海外电商，可比较快地了解消费者的前端需求，引流速度快，技术门槛低，但竞争激烈，难以形成规模。

（9）C2C代购模式，如全球购，客户下单后，海外个人买手或商家从当地采购，通过国际物流送达，现金流沉淀大，通过庞大买手数量来扩充单品，但管理成本高，商品源不可控，收入仅为佣金和服务费。

7. P2P 金融模式

P2P（Peer - to - Peer）金融又叫 P2P 信贷，是互联网金融的一种。其意思是个人对个人（伙伴对伙伴）。它是指不同的网络节点之间的小额借贷交易，需要借助电子商务专业网络平台帮助借贷双方确立借贷关系并完成相关交易手续。借款者可自行发布借款信息，包括金额、利息、还款方式和时间，自行决定借出金额实现自助式借款，P2P 信贷平台工作原理如图 9 - 4 所示。

图 9 - 4　P2P 信贷平台工作原理

根据借贷流程的不同，P2P 信贷可以分为纯平台模式和债权转让模式两种。在纯平台模式中，借贷双方借贷关系的达成是通过双方在平台上直接接触，一次性投标达成；而在债权转让模式中，则通过平台上的专业放贷人介入借贷关系，一边放贷一边转让债权来连通出借人（也称投资者）和借款人，实现借贷款项从出借人手中流入借款人手中。

纯平台模式由出借人根据需求在平台上自主选择贷款对象，平台不介入交易，只负责信用审核、展示及招标，以收取账户管理费和服务费为收益来源。

债权转让模式是指借贷双方不直接签订债权债务合同，而是通过第三方个人先行放款给资金需求者，再由第三方个人将债权转让给投资者。其中，第三方个人与 P2P 信贷平台高度关联，一般为平台的内部人员。P2P 信贷平台则将第三方个人债权打包成理财产品供投资者选择，并负责借款人的信用审核以及贷后管理服务。

校园贷是互联网金融的一种，许多需要资金完成学业的学生，借助网贷平台获得了一定的资金支持，得以完成学业，网贷平台起到了贷款助学的作用。但是，其中也不乏一些不良网贷平台，引诱学生利用高利息贷款来高消费、超前消费，赚取不义之财。学生因还款困难而受伤害的不在少数，这也要求同学们树立正确的消费观、理财观，量入而出，理性消费，即借贷要量力，投资需谨慎！

9.3　网络营销及方法

网络营销（On line Marketing/E - Marketing）就是以互联网为基础，利用数字化的信息和网络媒体的交互性来辅助营销目标实现的一种新型的市场营销方式。

网络营销方法丰富多彩，这里介绍常见的软文营销、网络新闻营销、网络事件营销、网络视频直播营销、论坛营销、微信营销等方法。

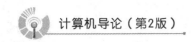

9.3.1 软文营销

软文（advertorial）在营销学上的意义是相对于硬性广告而言的一种隐性广告文章，指由企业的市场策划人员或广告公司的文案人员负责撰写的"文字广告"。与硬性广告相比，软文之所以叫作软文，其精妙之处就在于一个"软"字，可实现文章内容与广告的完美结合，从而达到广告宣传效果。软文好似绵里藏针，隐而不露，克敌于无形。软文追求的是春风化雨、润物无声的传播效果。如果说硬性广告是卖家的少林功夫，那么，软文则是绵里藏针、以柔克刚的武当拳法，软硬兼施、内外兼修。广义上讲，软文推广和硬性广告推广是相对的，不是直白的广告表达方式都可以称为软文营销。

软文营销是基于软文的一种营销方式，就是通过特定的概念诉求、以摆事实讲道理的方式使消费者走进企业设定的"思维圈"，以强有力的针对性心理攻击迅速实现产品销售的文字模式和口头传播。软文营销是最有力、最高级别的营销手段。

软文营销的前提是写好软文。软文虽然千变万化，但是万变不离其宗，主要有以下几种方式。

1. 悬念式

悬念式也可以叫作设问式。其核心是提出一个问题，然后围绕这个问题自问自答，如"人类真的可以长生不老?""是什么使她重获新生?"等，通过设问引起话题和关注是这种方式的优势。但是必须掌握火候，首先提出的问题要有吸引力，答案要符合常识，不能作茧自缚，漏洞百出。

2. 故事式

故事式是通过讲一个完整的故事带出产品，使产品的"光环效应"和"神秘性"给消费者心理造成强暗示，使销售成为必然，如"1.2亿买不走的秘方""神奇的植物胰岛素"等。讲故事不是目的，故事背后的产品线索是关键。听故事是人类最古老的知识接受方式，所以故事的知识性、趣味性、合理性是软文成功的关键。

3. 情感式

情感一直是广告的重要媒介，软文的情感表达由于信息传达量大、针对性强，当然更可以叫人心灵相通，如"写给那些战'疫'的逆行者"等，情感式软文的最大特色就是容易打动人，容易走进消费者的内心，所以"情感营销"一直是营销中百试不爽的灵丹妙药。

4. 夸张式

夸张式软文属于反情感式诉求，如"高血脂，瘫痪的前兆!""骨质增生害死人!"等。实际上"恐吓"的效果要比赞美更促进记忆，但是也往往会遭人诟病，所以一定要把握度，不要过火。

5. 促销式

促销式软文常常跟进在上述几种软文见效时，如"新冠肺炎来袭，口罩一夜售罄!"

"一天断货三次，西单某厂家告急"等，这样的软文或者直接配合促销使用，或者通过"攀比心理""影响力效应"多种因素来促使消费者产生购买欲。

6. 新闻式

新闻式软文，就是为宣传寻找一个由头，以事件新闻体的手法撰写，让读者认为所述事件仿佛昨天刚刚发生。这样的文体是对企业本身技术力量的展现，一定要结合企业的自身条件，不要天马行空，否则会造成负面影响。

7. 诱惑式

实用性、能受益、"占便宜"属于诱惑式软文的特点，这对读者是有帮助的。诱惑式软文能给读者解决一些问题，或者为读者介绍一些对其有帮助的内容。其主要是抓住了消费者爱占便宜的心理。

【情感式软文案例】标题：你吃过100元一个的茶叶蛋吗？

有这么一对夫妇，他们家里条件不错，老公喜欢喝茶，有不少友人给他送了很多茶。一天，这家的女主人想给忙碌一天的丈夫做茶叶蛋，她发现大多数茶叶的包装都很精致，她就没敢用这些茶叶。她发现角落里有一包用牛皮纸包装的茶叶，于是她就从里面抓了一把茶叶，给丈夫做了10个茶叶蛋。男主人从外面回来，刚进屋子，就发现满屋茶香飘逸，他问妻子你做的是什么啊，怎么这么香。女主人说是为了犒劳他专门给他做的茶叶蛋。当男主人看见盛茶叶蛋的锅时，立马脸色煞白，大喊你怎么用我的"牛肉"来做茶叶蛋呢？女主人说没有用牛肉啊，我用的是茶叶。男主人说这"牛肉"就是茶叶的名字，是我托朋友买回来的，而且来之不易，你怎么这么不小心啊。女主人也不高兴了，我忙了半天给你做茶叶蛋，你回来却数落我，如果你喜欢，你可以把茶叶捞出来，再泡啊。这时男主人缓缓说道："牛肉"就是老茶客常说的武夷山牛栏坑肉桂，这种茶叶起始价就是每斤8 000元，稀有异常，不是有钱就能买得到的，你做的这锅茶叶蛋光茶叶就要上千元呢。这时女主人才恍然大悟，原来自己做的茶叶蛋光是茶叶就100多元一枚啊，真是让人心疼。

需要强调的是，上述7类软文绝对不能孤立使用，而应组合使用，同时还要注意以下写作要点：

（1）标题要有吸引力。

软文标题目能否吸引读者继续阅读软文正文至关重要，因此软文标题要仔细推敲、斟酌三思，要尽力写得活泼、可爱、悬疑、夸张、不可思议，总之要吸引人，让人看了忘不了，让人看了有猜想、有疑问，有看下去的欲望。如果软文标题能达到这样的效果，那就为软文的成功奠定了一个良好的基础，就能更好地引起消费者的购买欲望。

（2）内容要让读者喜欢。

写软文的时候应该根据目标人群撰写一些他们喜欢的内容，把读者的情感调动起来。

（3）软硬适中。

软文应软硬适中，既不能让读者一眼就看穿是广告，又要让读者能够记下要宣传推广的信息，起到推广作用。切记两点：首先要把推广的内容放在后面，当读者发现这是广告时，其已经把内容看完了，当然，内容如果足够精彩，读者也不会反感。其次是广告信息的嵌入要巧妙、自然，能够和内容完美地融为一体，从而达到预期的效果，不能生拉硬扯，胡乱联系，让读者反感。

软文写好以后，重要的是将其广泛传播出去，让目标客户看到，以吸引其购买产品，如果与其他营销方法联合使用，更会使营销效果如虎添翼。

9.3.2 网络新闻营销

网络新闻就是基于网络的新闻。网络新闻的本质有两个方面：一方面它基于互联网，以互联网为传播介质；另一方面它属于新闻范畴，是新闻的一种表现形式。网络新闻营销就是借助网络新闻快速、广泛传播的特点达到营销目的的一种营销方式。

1. 营销类网络新闻软文写作的基本原则

网络新闻作为新闻的一种表现形式，也遵守新闻写作的基本原则，即把握好新闻的"5W"—时间（When）、地点（Where）、人物（Who）、事件（What）和原因（Why）。由于传播介质不同，网络新闻与传统媒体传播的新闻相比，在写作要求上还是有一定差异的。

1）精心制作标题

标题的重要性在网络新闻中尤为突出，在网络传播中，新闻标题和正文一般被分别安排在不同层级的网页上，网民想看哪条新闻，只有点击标题后才能看到。传统媒体如报纸，则是新闻标题和正文排在一起，全部可以看到。从某种意义上说，网络新闻标题有点像书籍目录，网民对标题文字的介绍有很强的依赖性。好的新闻标题会吸引、刺激、引导网民点击阅读；反之，如果新闻标题不吸引人，就不会引发点击，传播过程也就不能继续。制作新闻标题，可以从以下几个方面着手：

（1）直接点出新闻中的新奇事实或重要意义。

（2）尽量迎合社会热点。

（3）从网民最关心的问题出发。

（4）紧扣新闻时间的最新动态。

（5）披露网民虽熟悉却并不详知的事件细节或者内幕。

（6）标题宜实勿虚，虚的标题往往使网民难以理解，甚至产生荒诞的感觉，从而放弃点击。

（7）标题长度适中，网页版面的整体布局是相对固定的，标题字数受到行宽的限制，既不宜折行，也不宜空半行。标题过短，往往不能很好地反映新闻的"亮点"。

2）突出重点新闻要素

网民浏览网页时通常进行扫描式阅读，在这种阅读方式下，要想让网民清晰、准确地捕捉到新闻的核心信息，在写作时就要力求做到：高度简洁、清晰地表述最为重要的事实；合理地排列新闻要素，将最重要的新闻要素置于文章最前面。这样就能够让网民在最短的时间内准确、完整地了解最为重要的新闻要素。由此看来，网络新闻的第一段写作至关重要，因为它关系到能否吸引网民继续浏览，即使网民不再浏览，也已将最重要的信息准确无误地传递给网民。

一般来说，在写第一段时，先用较为简练的语言对事件作概括性的描述，通常只要说清事件的主体、客体、时间、地点即可，再以一句话简单概括事件的意义。从某种意义上说，

第一段就是整篇新闻的"浓缩",这种"浓缩"的好处在于方便网民阅读并掌握信息,同时也便于网民决定是否继续阅读。此外,还有一个重要的原因就是,现在越来越多的网民习惯通过搜索引擎寻找相关信息,而搜索引擎中的信息描述一般是从网络新闻的第一段摘取的。网民一般通过阅读信息描述来决定是否阅读全文。

2. 网络新闻的分类

网络新闻有广义和狭义之分。广义的网络新闻是指互联网上发布的具有传播价值的各类信息;狭义的网络新闻则专指互联网上发布的消息、资讯。从广义的网络新闻的概念出发,可以将网络新闻分为网络新闻报道、网络新闻评论和网络新闻专题。

1)网络新闻报道

网络新闻报道一般根据内容划分为国内新闻、国际新闻、财经新闻、科技新闻、娱乐新闻、体育新闻、社会新闻等,在表现形式上则主要有文字新闻、图片新闻、视频新闻等。

2)网络新闻评论

网络新闻评论一般分为专家评论、编辑评论和网民评论。网络新闻评论拥有跨时空、超文本、大容量、超互动的魅力。网络新闻评论体现了网民的基本要求:一是交流性,互联网提供了一个网民交流的公共场所,大量意见和观点通过网络媒体汇集、交换和传播;二是参与性,网民通过网络发表自己的观点,实现了其作为社会成员的权利和义务。

3)网络新闻专题

网络新闻专题是网络媒体针对一个有新闻价值、能够引起社会广泛关注的话题,运用多种媒体手段进行新闻整合报道的新闻报道形式。新闻专题一般由以下几个部分组成:各个媒体的新闻报道,有关专家、学者、权威人士的意见,社会各方面的反应,网络论坛(网民的声音),代表网站自身新闻立场、态度的新闻评论。

3. 网络新闻传播的方式

常见的网络新闻传播方式主要有以下 3 种:

(1)公关公司传播。公关公司的优势主要有两点:一是网络媒体资源优势,二是撰稿优势。通过公关公司的操作,能够比较好地提炼新闻事件的"亮点",同时针对新闻事件的内容有针对性地选择若干网络媒体进行传播,从而达到传播效果最大化。

(2)转载传播。一般有两种:一种是网络媒体转载纸质媒体上的新闻,即所谓"二次传播";另一种是网络媒体之间的转载,通过转载这种方式,可以放大新闻传播效应。

(3)搜索传播。据资料显示,全球约有76%的浏览者在互联网上通过搜索引擎或门户网站查询相关信息,因此若企业或机构发布的新闻被搜索引擎收录,并出现在搜索结果页面的前几页,就很容易引起目标群体的关注,从而达到信息传递的目的。

【成功案例】"王老吉捐款 1 亿元"背后的网络新闻营销。

2008 年 5 月 18 日晚,中央电视台举办了"爱的奉献——2008 抗震救灾募捐晚会",加多宝集团向地震灾区捐款 1 亿元人民币,创下国内单笔最高捐款额度。加多宝集团的相关负责人表示:"此时此刻,加多宝集团的每一名员工和我一样,虔诚地为灾区人民祈福,希望他们能早日离苦得乐。"此后,关于"王老吉捐款 1 亿元"的新闻迅速出现在各大网站,成为人们关注的焦点。

新闻之后，一则"封杀"王老吉的帖子也开始在网上热传，如图9-5所示。几乎各大网站和社区都能看到以"让王老吉从中国的货架上消失！"为标题的帖子。网友称，生产罐装王老吉的加多宝集团向地震灾区捐款1亿元，这是迄今国内民营企业单笔捐款的最高纪录，"为了'整治'这个嚣张的企业，买光超市的王老吉！上一罐买一罐！"虽然题目打着醒目的"封杀"二字，但读过帖子的网友都能明白，这并不是真正的封杀，而是"号召大家去买，去支持"。甚至有网友声称"要买得王老吉在市场脱销，加班加点生产都不够供应"。

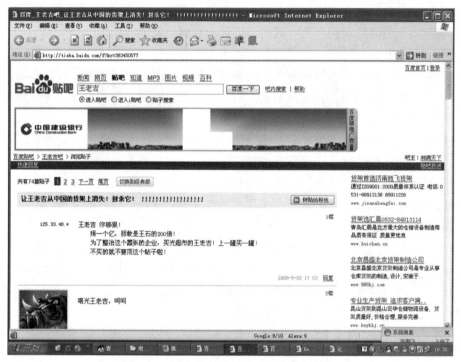

图9-5　网上关于"封杀"王老吉的帖子

　　也许是无心插柳，也许是故意为之，但不管怎样，加多宝集团的善举感染了民众，刺激了消费者购买王老吉的热情。

　　此次事件对企业的启示如下：

　　（1）新闻传播能让品牌的美誉度大幅度上升。

　　加多宝集团慷慨捐款1亿元，体现了加多宝集团对抗震救灾高度关注的社会责任感，树立了爱国品牌的良好形象，赢得了人们的好感，这无疑是一场高效的企业公关行为。众所周知，公关的本质在于沟通，沟通的本质在于让受众认同。当加多宝集团捐出1亿元善款时，可以说它打动的不仅是消费者的心，而是全中国人民的心。

　　（2）新闻传播可以推进企业的市场销售。

　　加多宝集团慷慨捐助的行为感动了大批消费者，并快速形成良好口碑，消费者的感动和支持则转化为购买行为，并且极具"传染性"。王老吉甚至一度在市场上脱销。

　　王老吉的"火爆"也再次彰显了网络新闻的营销价值。随着互联网的迅猛发展，作为新闻的一种表现形式，网络新闻已经走进人们的生活，影响着人们的消费选择。

9.3.3 网络事件营销

1. 网络事件营销的概念

网络事件营销是指企业通过策划，组织或利用具有名人效应、新闻价值以及社会影响的人物或事件，通过网站发布，吸引媒体和公众的兴趣与关注，从而提高企业或产品的知名度、美誉度，树立良好的品牌形象，最终达到促进企业销售的目的。

网络事件营销的本质是将企业新闻变成社会新闻，在引起社会广泛关注的同时，将企业或产品的信息传递给目标受众。在互联网时代，不管企业有意还是无意，任何一起营销事件都必然会在网络媒体上再次传播，网络媒体的广泛传播，也推动着事件进一步成为公众关注的热点。因此从某种意义上说，在互联网时代，几乎所有的事件营销都属于网络事件营销。

网络事件营销的最大特点是成本低、见效快，相当于"花小钱办大事"。随着市场竞争的升级，充分利用网络事件营销已成为企业中较为流行的一种公关传播与市场推广手段。

2. 网络事件营销的两种模式

网络事件营销的操作方法一般有"借势"和"造势"两种。借势，就是参与大众关注的焦点话题，将企业带入话题的中心，由此引起媒体和大众的关注。造势，就是企业通过自身策划富有创意的活动，引起媒体或者大众关注。两者殊途同归，都是为了提高企业形象或者销售产品。

1）借势

企业借助重大事件或社会热点所进行的营销为借势营销，其类似于网络新闻营销，只不过事件是可预期的（或是人为安排），是必然会发生的。这时必须把握好以下 3 个要点。

（1）反应迅速，在第一时间介入。

争取在第一时间，即人们对事件的关注处于高潮的时候进入，这时所取得的营销效果无疑是最好的。如海尔集团借助"申奥成功"那一激动人心的时刻，成功地进行了事件营销。2001 年 7 月 13 日夜，争办 2008 年奥运会的结果即将揭晓，亿万中国人都守在电视机前观看现场直播。当萨马兰奇念出"北京"时，全世界的华人都沸腾了。就在申奥成功的第一时间，"海尔祝伟大祖国申奥成功"的祝贺标语便紧随其后在中央电视台播出，与全球华人共享这一世纪之荣。当夜，海尔集团的热线电话被消费者打爆，很多消费者致电只是为了与海尔集团分享胜利的喜悦。从事件本身来看，海尔集团虽然没有取得直接的效益，但是申奥成功的纪念价值和象征意义对于海尔品牌形象提升的价值是不可估量的。

（2）找准关键点，巧妙切入。

从公益角度切入，能够树立企业的良好形象，增强消费者对企业的认知度和企业品牌的美誉度。如 2003 年"非典"期间，素有"国药传人"美誉的正大青春宝药业集团向杭州市第六人民医院捐赠其青春宝片和双宝素产品，以令临危受命的医护人员提高免疫力，凭借其一直以来的良好口碑，青春宝产品短期内销量大增。

（3）与大事件联系，引发公众联想。

在这一点上，值得一提的是邦迪创可贴。2000 年夏季，朝韩峰会成为全球关注的焦点。

邦迪创可贴敏感地抓住了这个时机，推出广告《朝韩峰会篇》。在朝韩领导人金正日与金大中历史性地激情碰杯时，在经典画面之外传来旁白："邦迪坚信，世界上没有愈合不了的伤口！"它把人们对和平的期盼，通过"伤口愈合"巧妙地传达出来，引起消费者的强烈共鸣，也使邦迪品牌形象得到极大的提升。

2）造势

借势虽然不失为企业扬名的一个好办法，但有时"势"并非是企业想借就借的，当企业扬名迫在眉睫而又无势可借时，制造热点事件（造势）则是另一个办法。企业在造势时，需要注意以下几点：

（1）合理定位。

在"制造"新闻事件前，要进行4个方面的定位：一是事件定位，要找到品牌与事件的关联，事件营销不能脱离品牌的核心理念，必须和公众的关注点、事件的核心点、企业的诉求点重合起来，做到三位一体；二是卖点定位，产品的卖点和事件应有机结合在一起，切不可将事件与产品同时堆砌；三是消费者定位，不同的消费者会关注不同的事件；四是推广定位，网络事件营销成功的关键是事件与其他传播手段的协同作战，包括网络传播、电视广告、户外广告等，从而形成围绕事件的一个整合传播。

（2）巧妙"制造"新闻事件。

企业"制造"新闻事件的方法大致有以下几种：

①媒体作典型报道，宣传企业的成功经验；

②领导到企业视察或调查研究，称赞企业，为企业扬名；

③策划社会公益活动，双向互动，博得公众的好感及社会关注；

④策划奇特的、反常的行为，引起轰动效应；

⑤抓住一些非常规事件或突发事件，借势造势；

⑥抓住新问题、新话题，特别是抓住一些动态的事件，策划一些动感很强、让媒体和社会感到很有新意的新闻。

例如，张瑞敏"砸冰箱"事件就是企业"制造"新闻事件的典型例子：

1985年的一天，张瑞敏在检查库存产品时，发现76台冰箱有质量缺陷。当时中国工业体系中有一种分级的惯例，即把产品分为一、二、三等，甚至等外品，只要产品能用，就可以卖出去。这在物资匮乏的年代是一种无可奈何的选择，质量差点总比没有好。当时一台冰箱的价格大约相当于一个工人两年的积蓄，对一个亏损147万元、步履维艰的小厂来说，这76台冰箱的价值是一个天文数字。当时，许多职工希望将这些冰箱便宜些卖给职工，但张瑞敏毅然决定：将这些冰箱全部砸烂。张瑞敏的"砸冰箱"事件砸出了海尔品牌的质量形象，向全社会宣传了海尔"以质量为本"的企业理念，为海尔在未来发展成为全球知名品牌打下了坚实的基础。

（3）建立风险防范机制。

网络事件营销本身是一把"双刃剑"，它以短、平、快的方式为企业带来巨大的关注度，但也可能起到反作用。有时，企业或产品的知名度虽然扩大了，但其表现不是美誉度的提高而是负面的评价的增加。

媒体的不可控和新闻接受者对新闻的理解程度决定了网络事件营销的风险性。任何事件炒作过头，一旦受众得知了事情的真相或被媒体误导，极有可能对企业产生反感，最终损害企业的利益。如四川秦池酒业连续几年获得中央电视台广告标王，这给"秦池"这一品牌注入了无限的活力，但一则关于"秦池白酒是用川酒勾兑"的新闻报道，使秦池白酒彻底地退出了历史舞台。正所谓"成也萧何，败也萧何"，过度的炒作和造势也可能是一颗定时炸弹，随时有可能给企业带来灭顶之灾。

网络事件营销中利益与风险并存，因此企业既要学会取其利，还要学会避其害。对于风险项目，首先要做的是风险评估，这是进行风险控制的基础。风险评估后，根据风险等级建立相应的防范机制。网络事件营销展开后还要依据实际情况，不断调整和修正原先的风险评估，补充风险检测内容，并采取措施化解风险，直到整个事件结束。

3. 网络事件营销的四大核心要点

网络事件营销就是企业制造或者放大具有新闻效应的事件，让媒体竞相报道，通过吸引公众对事件的注意，引发公众对企业或产品的关注。网络事件营销要获得成功，必须把握以下几个核心要点。

1) 事件要有新闻点

新闻点就是"新闻由头"。网络事件营销要想获得成功，就必须有新闻点——社会关注的热点或重点，或者新奇、有趣、前所未闻的事情。有了好的新闻点，就抓住了媒体的眼球，抓住了媒体的眼球，就抓住了受众的眼球。

一般来说，大多数受众对新奇、反常、有人情味的事件比较感兴趣。如富亚公司老板喝涂料曾引来满堂喝彩，轰动了整个北京城。最初，富亚公司是准备给小猫、小狗喝涂料来宣传产品的健康、环保，不料遭到动物保护协会的反对，老板情急之下就自己把涂料喝了，这一事件被国内媒体争相转载，满足了人们对新闻新奇性的追求，也使富亚公司的产品销量大增。

2) 事件与品牌要有连接点

网络事件营销不能脱离品牌的核心理念，必须和企业品牌的诉求点联系起来，这样才能达到营销效果。只有品牌与事件的连接自然流畅，才能让消费者把对事件的热情转移到企业或产品上。例如万宝路赞助一级方程式车赛20余年，一是根据相关性原则，此活动符合其品牌核心价值，摩托车比赛的刺激、惊险、豪放，正是其品牌个性，目标人群也对此感兴趣；二是领导性原则，一级方程式与万宝路的市场地位一致，可强化其全球领导的形象。

3) 事件要紧抓"公益"关键词

网络事件营销要想获得成功，就必须牢牢抓住"公益"关键词。因为"公益"是一种社会责任，没有公益性的营销方案就失去了社会意义和号召力，没有了社会意义和号召力，自然就没有受众参与，而没有受众的广泛参与就不可能达到营销目的。

4) 事件要形成整合传播之势

网络事件营销是为了提升品牌，因此企业在宣传事件时，要整合各种传播手段，放大事件的传播效应，将信息准确、完整、迅速地传达到目标人群。如在"2005快乐中国蒙牛酸酸乳超级女声"活动中，蒙牛集团的宣传是全方位的，电视广告、网络宣传、户外广告、促销活动等及时跟进。"蒙牛酸酸乳"营销的成功，其实也是蒙牛集团整合营销传播的成功。

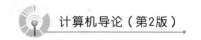

9.3.4　网络视频直播营销

网络视频直播是指人们通过网络直接收看到远端正在进行的现场音/视频实况，比如会议、培训、赛事、美食等。网络视频直播的核心思想是利用互联网高速传输技术实现对音/视频信号的实时传输，并且能够使远方的人们通过互联网实时流畅地观看。

随着互联网技术的不断发展，网络已成为发展速度最快而且越来越占据主要地位的媒体。随着人们获取信息的要求越来越高，人们已不再局限于通过网络了解文字信息，更多的人希望通过网络获取音/视频信息，观看新闻发布会、产品发布会、体育比赛、教学交流活动、商业宣传、庆典活动等的现场实况。

互联网具有直观、快速、表现形式好、内容丰富、交互性强、地域不受限制、受众可划分等众多优点，加强了商家作广告宣传的推广效果。现场视频直播完成后，还可以随时为受者继续提供重播、点播服务，有效延长了网络视频直播的时间和空间，发挥网络视频直播内容的最大价值。基于以上种种优势，网络视频直播营销逐渐成为商家网络营销中最主要的营销模式。

目前我国的网络视频直播大致可分为两大类，一类是通过网络观看电视信号节目，例如各种体育比赛和文艺活动的直播，这类直播是通过采集现场信号再转化成数字信号输入计算机，实时上传到网站供人观看；另一类则是真正意义上的网络视频直播，它是基于在现场架设独立的信号采集设备，再通过网络上传到服务器，发布到网站供人观看。

网络视频直播营销从盛行到现在才几年时间，就已经成就了很多成功的营销案例。然而网络视频直播只是一种播放渠道，其关键还内容的策划。其实网络视频直播可以看成一场带音/视频的事件营销，只有内容做得好才能吸引眼球，才能真正地实现提升业绩的目的。

随着移动网络速度的提升和智能设备的普及，网络视频直播营销逐渐成为社交媒体营销的新趋势。网络视频直播营销成本低、效果好，可以和观众实时互动，还可以即时交易，不受地域限制，可筛选精准客户。

2020年新冠肺炎疫情期间，全国多个大型农产交易中心封闭，农贸市场停业，农产品长期依赖的线下交易几乎停转。市场与消费人群的封闭与流失，让农民辛苦耕作出的农作物滞销。这时一批市长、县长现身直播平台，为农民代言、带货。

广西乐业县的两位副县长直播带货当地特产"乐业沙糖橘"，在短短2小时内销售1.6万斤砂糖橘，共计2 500单，吸引15万人次观看。

2020年2月21日，瑞昌市副市长黄青华登录京东直播平台，成为瑞昌山药的"代言主播"。其直播3个半小时，就卖出1.2万斤山药，期间几次补货都被抢购一空。黄青华也与众多粉丝热烈互动，最高在线人数突破160万。

还有，海南省六个地区的"一把手"登录淘宝直播平台推荐海南的凤梨、地瓜、朝天椒、毛豆、芒果和佛手瓜等因疫情滞销的农产品；浙江衢州市市长汤飞帆、广东徐闻县县长吴康秀亲自参与助农直播，帮农户卖货；三亚市市长阿东来到芒果基地，接入淘宝直播平台，变身网络主播，向网友推荐以芒果为主的三亚优质农产品……

做好网络视频直播营销的技巧如下。

1. 多进行"自我对话"练习

和别人视频聊天很简单，而同自己谈话无异于在说单口相声，需要不断找话题，抖包袱，把自己逗乐。

建议站在镜子或镜头前练习，录成短视频，再回放，看自己是否会被这段视频逗乐。

2. 明确最终目标

需要思考：为什么做这个视频？想从中获得什么？是想为网站引流还是为了让观众作选择？是进行新品测试还是产品推广？想让观众从直播中得到什么？是一些实操干货？还是帮助他们提高工作效率的工具、资源或技能？抑或希望激发他们的某种积极性？对这些细节做到心中有数，才能保证不浪费别人的时间，同时确保最终收获最真实的反馈。

3. 对直播内容有整体规划

做好直播内容规划，不见得非得有个中规中矩的计划书，但对于话题的大方向和需覆盖的要点，要有整体的把握。

录制前，要对如何切入，说什么，怎么说，做到胸有成竹。

建议在视频开头设计几分钟开放性谈话，因为大多数人一开始很难集中注意力，所以几分钟畅谈后再进入主题，可获得更多有效观众。切记不要天马行空，这只会使观众失去耐心。

4. 保证 10 分钟以上的直播时长

事实上，要获得最佳的营销效果，直播最少要持续 20 分钟。时间越长，观众就越多。短短 5 分钟的视频是不可能聚集观众的。

5. 行动号召要贯穿视频始终

在直播的任何时候，都可能有新观众进入，为确保新观众没有错过关键信息或行动号召内容，就要不定时重申相关内容。

通常来讲，10 分钟的直播需重申 3 次，20 分钟的直播重申 4 ~ 5 次即可。

把需要重复的内容自然合理地融入整场直播中，才会使营销不露痕迹。

6. 为视频起个好标题

好的标题应中心明确，一目了然。含糊其词，令人困惑，"标题党"型标题更不可取。

"HOW TO..."或"……的最佳方法"格式的标题，更容易让观众感受到价值，引起共鸣。如果正身处某个事件，还应在标题中突出该事件；如果需要展示某款产品，就把产品名字写入标题，这可以引导观众更有目的性地观看。

7. 保证照明和音质

人们都希望看到清晰明亮的画面，因此照明条件很重要。录制时要避免逆光，光线要足够柔和，不能刺眼。

视频的音质也很关键。风噪或背景杂音会毁掉视频。所以，应找个相对封闭、安静的地

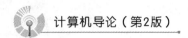

方录制。

为获得更好的音质，建议使用质量较好的麦克风。

8. 使用手机三角支架

手持手机录视频，会使画面颤抖，颤抖的画面会分散观众的注意力。选一款合适的手机三角支架就可以解决这个问题。

9. 近距离录制以方便察看评论

使用手机三角支架后，往往会不由自主地站得远些，但与手机的距离不要超过一臂远，因为需要时刻关注评论和问题。

有条件的话，录制时可以找个助手，专门负责回答问题，发送链接。这样就可以全身心投入直播话题。

10. 回应评论并答谢观众

对于肯花时间观看直播并留下评论的观众，应心存感恩。要认真阅读评论，与观众互动。如果观众数量庞大，难以一一致谢，至少要积极回应那些留下评论的观众。

11. 妥善应对延迟问题

有个问题可能会存在：直播内容和观众看到的内容不同步。所以，很可能主播问了一个问题，几秒后才听到，加上打字回复的时间，延迟会更长。

对策很简单：问完一个问题后，再展开多谈一会儿，给观众充分的时间回应。

12. 以平常心对待真实的生活

主播处于真实的生活场景中，可能会被各种声音打断：狗叫声、小孩哭闹声、邻居割草声、门铃声、有人路过打招呼的声音，等等。

只需以平常心对待这些真实的生活场景，运用这些场景以提高直播的灵动性。

13. 做最真实的自己

面对镜头，刚开始可能会不太自信，如担心外形不佳、语调不合适等。

要接纳自我，认可自己，善于自嘲，直播时就像和朋友、家人对话那样放松。

做到这13点，基本就可以做出比较专业的直播视频。掌握这些技巧后，还要多实践，多总结。

9.3.5 论坛营销

1. 论坛营销的概念

网络的普及推动了论坛的迅猛发展。据最新数据显示，中国互联网的舆论平台已经十分发达，几乎每个门户网站都设有 BBS，论坛总数位居全球第一。相对于商业媒体而言，论坛可以说是网民心中的一片"净土"——一群有共同爱好、共同需求的网友在此坦诚相见、推心置腹、互通有无。

论坛营销，其实质就是品牌基于网络论坛所进行的口碑性营销。在网络社区，网友的观点成了网民实施购买行为的重要参考依据。论坛营销绝不只是发布企业产品信息那么简单，一则论坛管理员会删除带有明显广告色彩的帖子，二则网友对广告帖非常反感。因此，如何不露痕迹地吸引网民是论坛营销的关键。

论坛营销强调的是互动，通过与消费者进行充分的信息交互，满足消费者的愿望与需求。在信息交互中，企业的品牌得到了传播，形象得到了提升，最终达到了促进市场销售的目的。

2. 论坛营销的优点

网络的普及推动了网络营销的发展，作为网络营销重要方式之一的论坛营销也被越来越多的企业所采用。企业为什么会青睐论坛营销呢？

（1）论坛的"人气"以及其所聚集的核心受众，是企业所看重的重要因素之一。据2019 年 6 月的中国互联网发展状况统计报告显示，互联网用户中 40 岁以下的年轻网民的比例为 69.2%，其中，19 岁以下的占 20.9%，20～29 岁的占 24.6%，30～39 岁的占 23.7%。年轻上班族成为论坛注册用户的中坚力量。论坛已成为他们交流、解决生活和工作问题的不可或缺的工具。这些人正是营销的核心受众，他们普遍收入较高，购买力强，消费需求旺盛。论坛注册会员从量的积累到质的飞跃，注定使论坛成为商家的必争之地。

（2）论坛营销与传统营销相比，成本低廉且信息发布迅速、覆盖面广。在论坛营销中，参与其中的每个人不仅是信息的接收者，更是进一步传递信息的节点，这也就是人们常说的"一传十，十传百"。网民与企业的良性互动也大大增加了网民对企业的好感，良好的印象自然有助于网民的购买行为。此外，企业还可以根据目标用户的不同特质，如行业、爱好、性别、年龄等，对论坛的受众进行"窄众"细分，从而大大提高营销推广的精准性。

3. 成功的论坛营销的步骤

论坛营销成本低、传播效力大的特点吸引了众多企业，不少企业纷纷拿起论坛营销这一网络营销的利器。然而从实际操作情况来看，一些企业的论坛营销效果并不佳。其实，论坛营销作为一种网络营销方式，本身并没有失效，之所以营销效果不佳，主要原因就在于实施论坛营销时没有走好关键的"三步"。

1）选择合适的论坛

企业在实施论坛营销时，一定要根据企业产品的特点，选择合适的论坛，最好选择能够直击目标客户的论坛。如明治地喹氯铵含片的目标受众是白领，那么在选择营销论坛时，就要选择白领们常去的论坛及板块，比较常见的有新浪的"资讯生活""时尚生活"、网易的"白领丽人"、搜狐的"小资生活""健康社区"、TOM 的"健康之家""时尚沙龙"、21CN的"白领 E 族"、百度贴吧的"白领吧"以及瑞丽女性论坛等，直接将营销内容说给目标用户"听"，这样营销就更有针对性。

有的企业在实施论坛营销时，片面追求论坛的人气，而不去考虑所发布的信息与论坛板块的主题是否相符，以为人气越高，关注企业信息的人越多。其实这是误区。一则人气太高，企业所发布的帖子很快就被淹没了，二则帖子内容与论坛板块的主题不符，很难引起网民关注，有时甚至会令网友反感。因为论坛是不同人群围绕同一主题而展开的话题，比如育儿板块，谈的自然是与育儿相关的话题，如果谈化妆美容显然不适合。

2）巧妙设计帖子

作为传递产品信息的载体，信息传达成功与否主要取决于帖子的标题、主帖与回帖三部分。如果一个帖子能够吸引网民点击，又巧妙地传递了企业产品的信息，同时让网民感受不到广告帖的嫌疑，那么这种帖子是非常成功的。

（1）标题。网民浏览论坛的时候，首先接触的是帖子的标题，标题"诱人"与否直接决定了帖子是否会被点击浏览。因此在策划标题时，可以从引发产品使用的场景入手，选定一个能引发争议的产品使用场景，以争议点作为标题内容，吸引网民注意，引导其点击浏览。

（2）主帖。当网友被一个诱人的标题吸引并进入帖子后，主帖内容的优劣直接决定了回复是否被浏览，因此在撰写主帖时，可以把标题中有争议的场景展开，在一个完整的产品使用场景下，传达产品对消费者的重要性，并在主帖结尾为回复设置悬念。由于产品信息传达也可发生在回复中，因此建议主帖将产品使用场景叙述清楚即可，不需要加入过多的产品信息，以免引起网民反感。

（3）回帖。回复内容一般为网民对产品的"主观"评论，当网民被标题、主帖吸引，查看回复的时候，就是帖子的"真实身份"曝光的时刻。拙劣的回复会令网民一眼察觉整个帖子的意图，影响产品传达的效果。因此在撰写回复时，要采取发散性思维，声东击西，为产品信息作掩护，将网民可能产生的负面情绪降到最低。

3）及时跟踪维护帖子

帖子发出后，如果不进行后期跟踪维护，那么可能很快"沉"下去，尤其是在人气很高的论坛，"沉"下去的帖子显然是难以起到营销作用的，因此帖子的后期维护就显得尤为重要。

及时地"顶"帖，可以使帖子始终处于论坛（板块）的首页，进而让更多的网民看到企业所传递的信息。从实际操作来看，维护帖子时，最好不要一味地从正面角度去回复，适当从反面角度去辩驳，挑起争论，可以把帖子"炒热"，从而吸引更多的网民关注。

4. 论坛营销案例

下面以论坛上发布的4组营销帖为例，对营销帖的设计进行说明。

标题：一个小资的忠告：橄榄油不要轻易食用！！

主帖：后悔啊，前几年在一个朋友的"怂恿"下，一冲动，将家里的食用油改成了橄榄油，用的是西班牙牌子"品利"，心想咱是白领，橄榄油虽然贵点，但这点钱咱还是花得起的！最近一咬牙，买了车子和房子，还贷压力陡然增加。没办法，咱也节衣缩食吧，把橄榄油再换成原来的色拉油吧。可没想到，吃惯了橄榄油，竟然不习惯色拉油的味道了。唉，幸福是一种奢侈品，用了就不想失去，兄弟姐妹切记！切记！

回帖1：不就是油吗，有什么不适应的？

回帖2：橄榄油既保健又美容，省了看病和美容的钱，还是蛮划算的。

回帖3：建议楼主去山区体验一下生活，看看能不能适应。

案例分析：此帖的精彩之处是"明抑暗扬"。从表面上看，似乎是抵制橄榄油，但整组帖子巧妙地把橄榄油的好处"既保健又美容"完整地阐述出来，并自然地引出了西班牙"品利"橄榄油，达到了将信息传递给目标受众的目的。从帖子标题来看，首先吸引的是"小资"，这也符合橄榄油的产品定位。另外，以"抵制（不要）""曝光"这样的形式发布信息，更容易引起人们的关注。

9.3.6 微信营销

微信营销是网络经济时代企业或个人营销模式的一种，是伴随着微信的火热而兴起的一种网络营销方式。微信不存在距离的限制，用户注册微信后，可与周围同样注册微信的"朋友"形成一种联系，订阅自己所需的信息，商家通过提供用户需要的信息，推广自己的产品，从而实现点对点的营销。

微信营销主要体现在对 Andriod 系统、iOS 系统手机或者平板电脑等移动客户端进行的区域定位营销。商家通过微信公众平台，展示商家微官网、微会员、微推送、微支付、微活动，已经形成了一种主流的线上、线下微信互动营销方式。

1. 互动营销方式

（1）草根广告式。用户点击"查看附近的人"后，可以根据自己的地理位置查找周围的微信用户。在附近的微信用户中，除了显示用户姓名等基本信息外，还会显示用户签名档的内容。所以用户可以利用这个免费的广告位为自己的产品打广告。营销人员在人流最大的地方后台 24 小时运行微信，如果"查看附近的人"使用者足够多，广告效果也会随着微信用户数量上升，这个简单的签名栏也许会变成移动的"黄金广告位"。

（2）O2O 折扣式。用"扫一扫"连接至 O2O 商业活动，然后令用户获得成员折扣、商家优惠或一些新闻资讯，从而达到营销的目的。

（3）互动营销式。利用微信公众平台，直接进入企业微信开放平台，了解企业文化、产品、服务等信息。

（4）微信开店。这里的微信开店（微信商城）是由商户申请获得微信支付权限并开设微信店铺的平台，用户可以直接进行商品买卖。

微信营销离不开微信公众平台的支持。微信作为时下最热门的社交信息平台，也是移动端的一大入口，正在演变成为一大商业交易平台，其对营销行业带来的颠覆性变化开始显现。消费者只要通过微信公众平台对接微信会员云营销系统，就可以实现微会员、微推送、微官网、微储值、会员推荐提成、查询、选购、体验、互动、订购与支付的线上、线下一体化服务模式。

2. 营销方法

（1）赠送有价值、有特色的服务或产品。在所有的广告词当中，营销效果最好的词就是"免费"。

（2）让传播更加方便快捷。在当今媒体社会化的时代，必须精简营销信息，为了便于传播，最好使用文本格式。

（3）利用他人善意的动机。一定要搞清楚别人为什么要复制自己的信息，传播信息能带动他人的什么欲望，一定要把营销策略搞清楚，并建立在共同的动机上面，这样才有可能成功。

（4）利用现有的人脉圈子。研究资料表明，每个人都有 50 个高质量的人脉可以利用，要学会把信息传播给亲朋好友，从而加快信息传播的速度。

3. 主要营销技巧

（1）注册微信公众号，尽快获得微信官方认证。

（2）根据自己的定位，建立知识库。可以把某个定向领域的信息通过专业的知识管理手段整合起来，建成一个方便的知识检索库，同时将知识与最新的社会热点结合，提供给目标客户，变成对目标客户的增值服务内容，提高目标客户的满意度。

（3）加强互动，如发表每周感悟、进行竞猜送小礼物活动等。

（4）吸收会员，定制特权开展优惠活动。

（5）建立自己的微网站，可更省流量，更快捷地打开网站。

（6）建立自己的微商城，在微信上直接展示商家。

4. 微信营销的优点

1）高到达率

营销效果在很大程度上取决于信息的到达率。与手机短信群发和邮件群发被大量过滤不同，微信公众账号群发的每一条信息都能完整无误地到达终端手机，到达率高达 100%。

2）高曝光率

曝光率是衡量信息发布效果的另外一个指标，曝光率和到达率不同，与微博相比，微信信息拥有更高的曝光率。在微博营销的过程中，除了少数技巧性非常强的文案和关注度比较高的事件被大量转发后获得较高的曝光率之外，直接发布的广告微博很快就被淹没，除非刷屏发广告或者用户刷屏看微博。

微信是由移动即时通信工具衍生而来，天生具有很强的提醒力度，比如铃声、通知中心消息停驻、角标等，可随时提醒用户查看未阅读的信息，曝光率高达 100%。

3）高接受率

正如上文提到的，微信用户已达 3 亿，微信已经成为或者超过类似手机短信和电子邮件的主流信息接收工具，其广泛性和普及性成为营销的基础。除此之外，由于公众账号的粉丝都是主动订阅而来，信息也是主动获取，完全不存在垃圾信息遭抵制的情况。

4）高精准度

事实上，那些粉丝数量庞大且用户群体高度集中的垂直行业微信账号，才是真正炙手可热的营销资源和推广渠道。比如酒类行业知名媒体佳酿网旗下的酒水招商公众账号，拥有近万名由酒厂、酒类营销机构和酒类经销商构成的粉丝，这些精准用户粉丝相当于一个盛大的在线糖酒会，每一个粉丝都是潜在客户。

5）高便利性

移动终端的便利性再次增加了微信营销的高效性。相对于个人计算机而言，未来的智能手机不仅能够拥有个人计算机的任何功能，而且携带方便，用户可以随时随地获取信息，而这会给商家的营销带来极大的方便。

5. 微信营销的缺点

微信营销基于强关系网络，如果不顾用户的感受，强行推送各种不吸引人的广告信息，会引起用户的反感。凡事理性而为，善用微信，让商家与客户回归最真诚的人际沟通，才是微信营销的王道。

9.4　电子商务的发展趋势

伴随新一代信息技术的飞速发展，我国互联网网民数量与日俱增，与此同时，电子商务深入各行各业，新模式、新业态、新技术、新领域不断涌现，并迅速向全球蔓延，已成为推动全球经济发展的新引擎。其发展前景广阔，发展潜力巨大。

1. 智能化趋势

伴随软、硬件技术的迅猛发展，电子商务网站规模不断增大与消费者需求日益个性化之间的矛盾有望得到解决。"智能化虚拟导购机器人"在未来的网站中可以依托云计算等技术对网站的大量数据资源进行智能化处理，从而为消费者提供更加人性化的服务。同时，利用智能技术人们能够实现多种跨平台信息的更为有效迅捷的融合，例如根据消费者在操作过程中所表现出的操作特性以及从外部数据库中调用的消费者历史操作信息，而后有针对性地生成优化方案，及时、迅速地满足消费者的个性化即时需求，最终提高消费体验，增大消费转化率，增加消费者满意程度及网站黏性。在 B2B 领域，信息也将依托智能技术进一步商品化。各种信息将会被更加智能化地收集和整理，以便被商业用户所定制。智能化数据分析功能可帮助商业客户从简单的数据处理业务提升到智能的数据库挖掘，为企业提供更有价值的决策参考。

2. 延展化趋势

电子商务将从如今的集中于网上交易货物及服务，向行业运作的各环节领域扩展和延伸。在企业内部，电子商务元素将渗透到企业管理、内部业务流程；在外部产业群领域，电子商务的发展将激活和带动一系列上、下游产业，如结算、包装、物流配送、基于位置服务等领域的发展。此外还将引导周边相关产业的创新与升级，如利用智能化远程水电煤表进行远程自动查表与收费。这些创新反过来又将促使电子商务模式的不断升级拓展。

3. 规范化趋势

电子商务市场将进一步得到健全和规范。商品与服务的提供方在售前的货源品质保障、售中的宣传推介和售后的服务兑现等方面将随着市场完善和相关法律及奖惩措施的出台而变得更加规范自律。电子商务平台存在的假冒伪劣商品的生存空间会越来越小，而且随着地球环境的不断恶化和社会价值的逐步转变，环保低碳的共识将会在消费者之间慢慢产生，进而影响电子商务领域，将环保等理念融入行业中。在这一进程中，一些相关法令制度的颁布，将迫使电子商务从业者通过规范化运营来获取竞争优势。

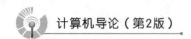

4. 分工化趋势

电子商务在横向、纵向领域不断发展的进程中，越来越多的专业服务型网站将填充整个电子商务行业链条的各中间环节，将会出现越来越多像返利网、最低价网这类处于消费者和电子商务网站两个链环之间进行专业化资源对接的网站，在诸多中间环节，如网站与物流之间、与广告推广之间、与银行支付系统之间都将出现专业化的分工机构来提升整体行业链条的效率，降低系统成本。这类网站在功能和应用方面都将不断创新。

5. 区域化趋势

由于我国经济发展不平衡，地区生活水平、自然条件、风俗习惯、教育水平的差异，导致网民结构的差异性，这必将在网络经济和电子商务发展中表现出区域差异。以当前快速发展的团购类网站为例，在美团网、拉手网、糯米网等团队的运营能力中区域化经营都表现出了不可替代的重要性。未来电子商务服务从板块式经营模式向细分市场模式发展，更加符合和贴近当地生活习惯的本地化电子商务模式将会层出不穷，各个区域群体的个性化需求将会得到满足。

6. 大众化趋势

在我国经济向中西部地区发展，全国各地城镇化建设的进程中，传统大城市之外的更为广阔的城镇、农村地区将成为巨大市场，除了常规电子商务行业，人们将会针对电子商务以网络为依托的特点提出各种新的需求，例如直播带货、远程教学、远程医疗会诊、远程培训等，都将得到大的发展，更多的人将会参与越来越大众化的电子商务服务。

7. 国际化趋势

电子商务国际化趋势具有历史的必然性。我国的网络经济已成为国际资本的投资热点，一方面国际资本的直接注入，将加速我国电子商务整体实力的提高，缩小我国电子商务企业与国际同行的差距，最终实现"走出去"，面向全球消费者；另一方面国际电子商务在我国的本地化投资运营既能够通过竞争提高我国电子商务企业能力，同时也为我国中小企业带来向全世界展示自己的专业通道。这种内、外双方的交互融合渗透将是未来电子商务不可缺少的发展环节。

● 本章小结

本章主要介绍了电子商务的相关知识，主要有以下要点：

（1）电子商务的发展现状。

（2）电子商务商业模式。主要介绍了常见的 O2O、团购、B2C、B2B、C2C、P2P 金融、跨境电商 7 种模式。

（3）网络营销方法。主要有软文营销、网络新闻营销、网络事件营销、网络视频直播营销、论坛营销、微信营销等。

（4）我国电子商务的发展趋势。

● 练习题

1. 简述本章描述的 7 种电子商务商业模式的内涵与特点。

2. 简述网络营销的方法和要义。

3. 根据电子商务商业模式的相关内容，结合自身对相关知识的了解，任选一个电子商务平台（比如天猫、淘宝、聚划算、京东商城、海尔商城、苏宁易购等），分析总结该平台的商业模式及特点。

第 10 章

企业管理与信息化

≪≪≪≪≪

知识目标

(1) 了解企业管理的基本知识；

(2) 了解企业供应链的内涵及供应链上企业之间的关系；

(3) 了解企业信息化及管理的内容；

(4) 了解 MIS、ERP、ERP Ⅱ 系统的内涵。

解决无效管理，首先要在思想观念上树立以几何级数去提高工作效果的信心；其次要有创新是无止境的观念，创新的空间存在于每个地方、每个人、每件事上。

——海尔集团总裁张瑞敏

2018 年 3 月 12 日，《人民日报》刊文《中国企业管理模式案例走进哈佛讲堂》，对海尔集团董事局主席、首席执行官张瑞敏先生受邀走进哈佛讲堂以及海尔集团在互联网时代和物联网时代的管理模式探索进行了详细介绍，文中指出以海尔集团为代表的中国企业管理模式正从模仿者变成引领者，至少是引领探索者。

文章指出，海尔集团经营管理的案例《海尔：一家孵化创客的中国企业巨头》成为美国哈佛大学商学院教材案例，这也是海尔集团的案例第 3 次进入哈佛课堂。

海尔集团"人单合一"模式中，"人"即具有"两创"（创业和创新）精神的员工，"单"即用户价值。"人单合一"就是每个员工都直接面对用户需求，为用户创造价值，从而实现自身价值、企业价值和股东价值。这顺应了互联网时代"零距离"和"去中心化""去中介化"的特征。在"人单合一"模式下，海尔集团实现了企业平台化、员工创客化、用户个性化，从而激发了员工的创造力，成为物联网时代的成功探索，并引起国际著名商学院的关注。

2005 年，海尔集团首次提出"人单合一"模式，经过长时间探索，形成了整套管理体系，取得很大成功。2017 年，海尔集团实现全球营业额 2 419 亿元，同比增长 20%，海尔大型白色家电第 9 次蝉联全球第一，利税总额突破 300 亿元，经营利润同比增长 41%。

2016 年，海尔集团收购美国通用电气家电业务后，没有进行大规模人员调整，而是采用"人单合一"模式对其进行改造，并取得明显成效。2017 年，美国通用电气家电业务取得了过去 10 年来的最好业绩，预计全年收入增幅 6.6%，利润增幅超过 20%。

张瑞敏在接受采访时说："海尔的管理模式根植于中国社会与海尔的企业文化，体现了系统思维理念。"他表示，"人单合一"是多方共赢的理念，体现了人的价值第一，给所有人都创造机会，最终实现整个生态系统的共赢。

哈佛大学商学院教授罗莎贝斯·坎特认为，虽然"人单合一"模式仍然在探索当中，不过实践证明该模式是成功的，海尔集团的变革是没有先例的。

据悉，海尔集团此前分别于 1998 年和 2015 年两次入选哈佛商学院的案例教材。张瑞敏说，在企业管理模式上，我们从没有商业模式到创造商业模式，走在实践的前列，中国企业真正走进世界舞台中心，相信未来一定还会有更多中国企业管理的案例进入哈佛课堂。

10.1 企业管理的基本知识

10.1.1 社会组织及其分类

社会组织是指一定的人群为实现某种目标，按照特定的相互关系和活动规则所组成的群体。人员、岗位、职责、关系和信息是构成社会组织的 5 个基本要素。

社会组织是有目标的，它决定着社会组织的性质、行为活动的内容和方式。社会组织一般可分为四大类：

（1）政府机构：包括国家各级立法、司法、行政部门。政府机构是社会发展的宏观调控机构，主要从维护社会公益的角度出发，建立社会秩序（包括市场秩序），为社会提供安全和稳定的保障，如社会保障体系等。政府机构是落实政府工作的执行部门。

（2）事业单位：是指国家为了社会公益目的，由国家机关举办或者其他组织利用国有资产举办的，从事教育、科技、文化、卫生等活动的社会服务组织。

（3）企业：是以盈利为目的独立核算的法人或非法人单位（如个体工业者）。它们数量最多，是社会生产与发展的重要力量。

（4）其他：不属于上述社会组织的单位，如非政府机构、社团（如妇联）、协会等非营利性组织。

10.1.2 企业及其分类

1. 企业的概念

企业是指从事生产、流通或服务等经济活动，通过满足社会效益而获得利益，实行自主经营、自负盈亏、自我发展、自我约束制度的法人实体和市场竞争主体。

市场经济下企业应具有独立自主性、自负盈亏性和市场导向性等特点，具备应变力、创新力、竞争力、发展力、内在冲动力等能力，以应付来自市场的任何变化。

2. 企业的分类

现代企业多种多样，企业分类见表 10－1。

表 10－1　企业分类

序号	分 类 方 法	分 类
1	按承担的经济责任划分	个人（独资）企业、合伙企业、无限责任公司、有限责任公司、股份有限公司等
2	按所有制划分	全民所有制企业、集体所有制企业、股份合作制企业、中外合资企业、中外合作企业、外资企业、私营企业等
3	按产业性质划分	第一产业企业（农业、矿业）、第二产业企业（制造业、建筑业）、第三产业企业（服务业）等
4	按产出性质划分	工业企业、商业企业、运输企业、服务企业等
5	按生产、产品及销售形态划分	水泥加砖块的传统企业、鼠标加砖块的传统文化企业、虚拟企业等

生产同类产品的所有企业构成了产业。信息产业包括信息设备制造业、计算机服务与软件业、信息服务相关行业（如咨询业）等。

企业通过生产运作向市场提供自己的产品或服务，以期在满足公益（消费者需求和国家税收）的同时得到收益利润。能否实现利润最大化的目标，取决于企业的内、外部环境因素：

（1）消费者需求情况；

（2）同质性企业竞争情况；

（3）供给情况（含宏观经济环境）；

（4）政府的法规、政策与服务等；

（5）企业的自身条件、生产能力等。

经营一家企业首先要在尽可能多而准确地把握企业内、外部（特别是市场）信息的基础上，确定适宜的发展战略，进而通过对其人力资源、财务和生产运作等进行科学的管理，提供社会需要的产品或服务，才可能在激烈的市场竞争下生存与发展。能否制定出好的企业经营战略规划、生产计划已经成为企业生存发展的关键。图 10－1 所示是市场经济下企业经营管理的概要说明。

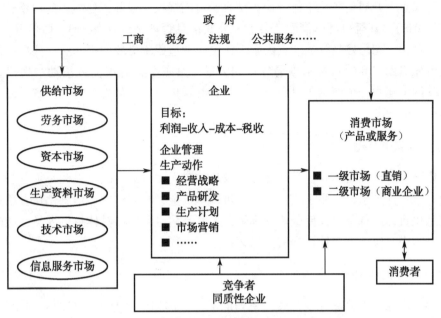

图 10 - 1 市场经济下企业经营管理的概要说明

10.2 企业管理信息化

10.2.1 企业管理与企业管理信息化

企业管理是对企业生产经营活动进行计划、组织、指挥、协调和控制等一系列活动的总称，是社会化大生产的客观要求。企业管理是尽可能利用企业的人力、物力、财力、信息等资源，实现多、快、好、省的目标，取得最大的投入产出效率。

企业管理信息化又称为企业信息化，是指企业在生产、经营、管理、决策等各个层次应用信息技术，深入开发和广泛利用内、外部信息资源，不断提高其经营管理效率和水平，进而提高企业经济效益和竞争力的活动。

企业信息化建设需要完成构建信息网络、开发信息系统、利用信息资源等 3 个层面的工作。

10.2.2 企业管理信息化建设过程

企业管理信息化建设过程是一个逐步展开的逻辑过程，具体如下。

1. 确定信息化目标

首先，企业要结合自己的行业、规模、业务范围、企业发展阶段、企业发展战略等若干因素，确定自己的信息化目标。不能千篇一律，盲目照搬他人经验。例如，大型企业在财力允许范围内，可以选用企业资源计划（ERP）系统等信息系统，建设企业的专用内部网，在一个较高的起点上开展信息化工作；而小型企业可围绕核心业务，建立一些规模较小的管理信息系统（MIS），甚至也可以借助社会上的公共信息管理平台（如 QQ、微信等），实现企业管理的信息化。切忌好高骛远、贪大求全，给企业造成不必要的损失。一些生产商品的小微企业也可先借助外界的商贸网等平台（如天猫、京东等）开展商务活动。现代企业一般总要在互联网上建立一个网站来发布自己的信息并宣传自己，让外界客户了解自己，树立自己在网络世界的形象。

2. 分步实施信息化

信息化目标属于战略目标，是针对一个较长的时间而言的。战略目标必须分解成战术目标，成为一个目标体系，以便于执行。企业可以从资金、时间进度、信息化建设质量等各方面，对信息化目标进行分解，使企业管理者，尤其是信息部门的具体执行人员，能够清楚了解在多长时间内，应该完成什么样的信息化任务。

3. 明确相应的活动

为了达到目标，需要进一步开展一系列的活动。例如，企业决定在两年内上线 ERP 系统，为此，企业将进行 ERP 技术选型、招投标、建立 ERP 项目组、召开项目启动会议、培训和普及 ERP 知识等活动。这些活动之间存在内在联系，有些活动可以并行开展，有些活动则必须等前序任务结束后才能进行。在进行这些活动前，要有通盘考虑，以免遗漏关键任务，造成后期的混乱局面。

4. 进行活动与资源的匹配

企业在明确任务后，便应该检查企业已有的人力、物力、财力与拟订的任务是否匹配。如果发现任务过重，资源不足，则必须考虑增加资源的可能性，或者减少任务的工作量。假设不考虑任务与资源的匹配，就很可能导致信息化进行到一半，就因资金缺口过大、人员素质不足而被迫中断。

5. 建立信息化组织机构

一旦信息化工程的任务与企业资源匹配，企业便可以组建信息化组织机构，以该机构为实施主体，开展信息化建设工作。

6. 赋予各类人员相应的责、权、利

企业不仅要向信息化组织机构的各类人员分配任务，还要赋予他们相应的责任和权力。只有责、权、利三者有机地结合起来，才能充分调动各类人员的积极性，否则有可能会导致信息化项目的失败。

10.2.3　信息化组织机构

组织是一个开放的社会系统，与组织活动相关的信息部门也在不断变化，企业信息部门一般叫作信息中心、信息部、信息处、信息科，名字因企业规模、组织架构的不同而异，但

业务都是实现企业信息化，可以把它归结为4种类型。

1. 隶属业务部门的信息部门

一般在信息化初期，信息部门的重要性还得不到企业主管的认同，所以经常放在企业某一组织部门的下面，如放在科技处的计算机科、销售部的信息科的下面等。

2. 与业务部门平级的信息部门

随着信息部门在企业管理中的重要性越来越受到企业领导的重视，信息部门与传统的管理部门同样设置，如信息中心、信息部、信息处等，与科技部、科研处属于同级行政部门，是企业信息主管（CIO）直接领导的行政部门。

3. 由CEO直接领导的信息部门

企业CEO特别重视信息部门在企业管理中的作用，往往会亲自领导这一部门。

4. 由信息化管理委员会直接领导的信息部门

有些大型企业为了信息化管理工作的科学决策，往往会成立由各行政部门的正职或副职参加的企业信息化管理委员会，来规划、制定、审核、管理企业信息化过程中的重大事项的决策，企业信息化管理委员会下面往往会设置企业信息化主管部门，如信息中心，作为政策执行机构，由信息主管部门负责委员会的日常工作和重大决策的实施。

10.2.4　岗位设置及原则

为了完成信息化组织机构的职能，必须配备相应的专业人员，以完成其职能要求。下面对其主要的岗位设置、主要人员的工作任务进行简要阐述。

信息化组织机构一般包括3个部门，分别是系统研发与管理部、系统运行维护与管理部、信息资源管理与服务部，图10-2所示是一个岗位设置参考模型。

组织在其信息化过程中，应该依据自身的规模、发展水平、信息化发展阶段、信息化人才情况，科学地设置信息化管理机构和岗位。在设置信息化管理机构和岗位时，可参照以下原则：

（1）效率原则；

（2）精简原则；

（3）灵活原则。

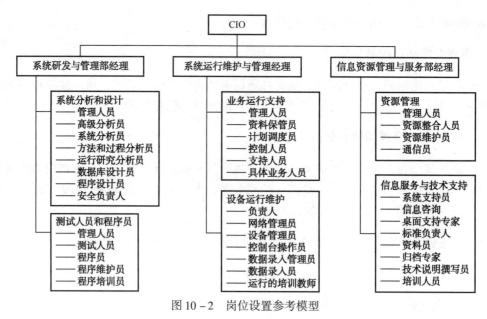

图 10 - 2　岗位设置参考模型

10.3　企业供应链

企业供应链，又叫产业链，是现代企业，特别是基于电子商务的企业进行原材料供应、产品生产和销售的链条，是控制生产成本的重要途径，处在供应链上的企业必须实现信息共享、利益共享、风险共担，最终达到共赢才能够维持正常运转。

1. 供应链

供应链（supply chain）是指围绕核心企业，通过对信息流、物流、资金流的控制，从采购原材料开始，制成中间产品及最终产品，最后由销售网络把产品送到消费者手中这一过程所涉及的供应商、生产制造商、分销商、零售商直至最终用户组成的一个供需网络。

2. 供应链流程

首先，由消费者传递需求信息，经销售商传递给核心企业，核心企业根据需求信息采购原料，安排生产；其次，从上游传递价值、质量、创新等信息到下游，方便供应链上各环节选择有利于自己的服务和产品；最后，从下游反馈变化了的真实信息给上游各环节，有利于改进服务或产品的质量及降低成本，进而增强整条供应链的市场竞争力。

3. 供应链的组成（结构模型）

供应链由供应商的供应商、供应商、核心企业、用户、用户的用户等组成，如图 10 - 3所示。

4. 供应链的基本特征

1）增值性

供应链运营模式的主要优势是可以实现企业内、外部资源的集成，每个厂商都与外部环

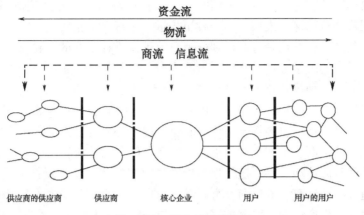

图 10-3 供应链结构模型

境之间存在着信息、物质或资金的交换，从而形成一个复杂的开放型供应链系统。构成供应链系统的基础就是各个厂商之间利益的最大化，也就是"多赢"。处在供应链中的企业都会被认为成本最低、效益最大，即具有增值的特性。

2）竞争性

参与供应链的企业都会追求成本最低、效益最大，这样就必然会使上、下游企业间形成竞争，上、下游企业从自身考虑，谁给的价值高就会加入谁的供应链中，这表现了供应链的不稳定性的一面。

3）复杂性

因为供应链节点企业组成的跨度（层次）不同，供应链往往由多个、多类型，甚至多国企业构成，所以供应链的结构模式比一般单个企业的结构模式更为复杂。

4）动态性

供应链管理因企业战略和适应市场需求变化的需要，其中节点企业需要动态地更新，这就使供应链具有明显的动态性、竞争性。

5）面向客户需求

供应链的形成、存在、重构，都是基于一定的市场需求而发生，并且在供应链的运作过程中，用户的需求拉动是供应链中信息流、产品/服务流、资金流运作的驱动源泉。

6）交叉性

节点企业可以是这个供应链的成员，同时又可能是另一个供应链的成员，众多供应链形成交叉结构，这增加了协调管理的难度。

5. 供应链中的信息传递

供应链的信息流，是指整个供应链上信息的流动。它是一种虚拟形态，包括供应链上的供需信息和管理信息，它伴随着物流的运作而不断产生。因此有效的供应链管理在于及时在供应链中传递需求和供给信息，提供准确的管理信息，从而使供应链成员都能得到实时信息，以形成统一的计划，从而为最终顾客更好地服务。

21世纪，科学技术的不断进步和经济的不断发展，带来了全球化的信息网络和全球化的市场，围绕着新产品的市场竞争日趋激烈。企业传统的"纵向一体化"管理模式越来越不适合需求多样化、产品更新速度快的要求。如何缩短交货期，提高产品质量，改进服务成为企业迫切需要解决的问题。"横向一体化"供应链管理模式正是适应这些要求而发展起来的。供应链是现代物流的深入发展，是一种更先进、更综合的组织模式。"横向一体化"的供应链形成了一条从供应商到制造商再到分销商的贯穿所有企业的"链条"，各相邻节点企业是一种需求与供应的关系。

供应链中主要有4种流：物流、商流、资金流、信息流。物流是物资（商品）的流通过程，是一个发送货物的过程，方向是由供应商经由分销商、零售商等指向顾客。商流是买卖的流通过程，是接受订货、签订合同等的商业流程。资金流是货币流通的过程，方向是由顾客经由零售商、分销商、生产企业等指向供应商。信息流是商品及交易信息的交换，它在供应商与顾客之间双向流动。供应链管理是指通过前馈的信息流和反馈的物料流及信息流，将供应商、制造商、分销商、零售商，直到最终用户连成的一个整体的管理模式。它主要包含4个领域：供应、生产计划、物流、需求。供应链管理主要计划、合作、控制从供应商到用户的物料流和信息流，以及从用户到供应商的资金流。

6. 供应链运作方式（模式）

1）"Push"模式

该模式又称产品驱动模式、"推"式供应链管理，在这种模式下，制造商是主体，零售商根据制造商制造的产品进行销售，企业生产什么，消费者就使用什么。

该模式下企业重视的是物流和企业内部资源的管理，即如何更快、更好地生产出产品并把其推向市场，管理的出发点是从原材料推送到产成品、市场，一直推至最终客户。

在这种模式下，供应链各节点比较松散，了解客户需求的变化较慢，易造成商品库存积压，企业成本提高，对市场反应迟钝。

2）"Pull"模式

该模式又称需求驱动模式、"拉"式供应链管理，在该模式下，消费者是主体，制造商根据消费者的订单来组织生产。

随着市场竞争的加剧，为了赢得客户、赢得市场，企业管理进入了以客户为中心的管理通道，供应链运营规则随即由"推"式供应链管理转变为以客户需求为原动力的"拉"式供应链管理。

7. 对供应链的理解

供应链是一个范围更广的企业结构模式。它不仅是一条连接供应商到用户的物料链、信息链、资金链，而且是一条价值链，物料在供应链上因加工、包装、运输等过程而增值。

供应链是一个业务过程。供应链是围绕核心企业，将供应商、制造商、零售商及至最终客户连成一个整体的功能网链。在供应链中，每一个企业是一个节点，节点企业之间是需求与供应的关系。

供应链是一种集成的管理思想和方法。供应链由来已久，但供应链的整合却是信息时代的产物，信息化手段使整个供应链的整合、集成成为可能。基于此，许多核心企业建立了自己的供应链管理信息系统。

10.4 管理信息系统介绍

10.4.1 管理信息系统的概念

管理信息系统是一个以人为主导、以科学的管理理论为前提，在科学的管理制度的基础上，利用计算机硬件、软件，网络通信设备以及其他办公设备进行信息的收集、传输、加工、储存、更新和维护，以提高企业的竞争优势、改善企业的效益和效率为目的，支持企业高层决策、中层控制、基层作业的集成化的人机系统。这个定义说明，管理信息系统不仅是一个技术系统，而是把人包括在内的人机系统，因此它是一个管理系统、社会系统。

管理信息系统的总体架构如图10-4所示。从图中可以看出，管理信息系统是一个人机系统：机器包含计算机硬件及软件，软件包括业务信息系统、知识工作系统、决策支持系统和经理支持系统；硬件包括各种办公设备及通信设施；人员包括高层决策人员、中层职能人员和基层业务人员。这些人和机器组成了一个和谐的人机系统。

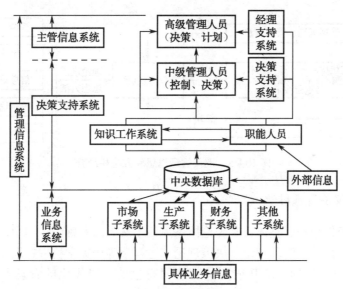

图10-4 管理信息系统的总体架构

根据管理信息系统的定义，可看出其有以下特点。

1. 面向管理决策

管理信息系统是继管理学的思想方法、管理与决策的行为理论之后的一个重要发展，它是一个为管理决策服务的信息系统，它必须能够根据管理的需要，及时提供所需要的信息，帮助决策者作出决策。

2. 综合性

从广义上说，管理信息系统是一个对组织进行全面管理的综合系统。一个组织在建设管理信息系统时，可根据需要逐步应用个别领域的子系统，然后进行综合，最终达到应用管理信息系统进行综合管理的目标。

3. 人机系统

管理信息系统的目的在于辅助决策，而决策只能由人来作，因此管理信息系统必然是一个人机结合的系统。在管理信息系统中，各级管理人员既是系统的使用者，又是系统的组成部分。在管理信息系统的开发过程中，要根据这一特点，正确界定人和计算机在系统中的地位和作用，充分发挥人和计算机各自的长处，使系统的整体性能达到最优。

4. 与现代管理方法和手段相结合的系统

如果只简单地采用计算机技术提高处理速度，而不用先进的管理理念和方法作指导，管理信息系统的应用会收益甚微。如果仅用计算机系统仿真原手工管理系统，充其量只是减轻了管理人员的劳动量，管理信息系统作用的发挥将十分有限。管理信息系统要发挥其在管理中的作用，就必须与先进的管理手段和方法结合起来，在开发管理信息系统时，必须融合现代化的管理思想和方法，如图 10 – 5 所示。

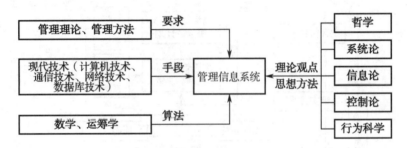

图 10 – 5　现代管理思想和方法相结合

5. 多学科交叉的管理科学

管理信息系统作为一个整体，其理论体系尚处于发展和完善的过程中。研究者从计算机科学与技术、应用数学、管理理论、决策理论、运筹学等相关学科中抽取相应的理论，构成管理信息系统的理论基础，使其成为具有鲜明特色的、现代化的管理科学，如图 10 – 6 所示。

图 10 – 6　多学科交叉的管理科学

10.4.2　管理信息系统的类型与结构

管理信息系统是一个广泛的概念，其分类方法有很多。按照系统的功能和服务对象，可将其分为国家经济信息系统、企业管理信息系统、事务型管理信息系统、行政机关办公型管理信息系统和专业型管理信息系统等类型。

管理信息系统的结构是指各部件的构成框架。由于管理信息系统的内部组织方式不同，对其结构的理解也有所不同。其中，最重要的是基本结构、层次结构、功能结构和硬件结构。

1. 管理信息系统的基本结构

在实际的管理信息系统中，由于每个企业都具有不同的组织形式和信息处理规律，因此其结构也不尽相同，但是最终都可以归并为图10－7所示的基本结构模型。可以看到，管理信息系统的基本组成部件有4个，即信息源、信息处理器、信息用户和信息管理者。

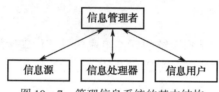

图10－7　管理信息系统的基本结构

2. 管理信息系统的层次结构

一般的组织管理均是分层次的，不同的管理层次需要不同的信息服务，为它们提供服务的管理信息系统就可以按照这些管理层次进行相应的划分，每个层次负责一种信息处理的功能，每一层次所需的数据来源和所提供的信息都是完全不同的。图10－8所示是管理信息系统的层次结构。

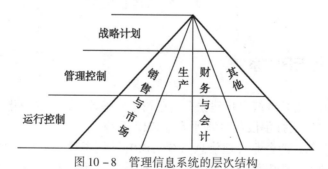

图10－8　管理信息系统的层次结构

3. 管理信息系统的功能结构

管理信息系统不是一个孤立的事物，它是为解决具体的管理问题而存在的，因此它必须和具体的管理内容相联系。从使用者的角度来看，管理信息系统总有确定的目标，具有多种功能，如有效管理库存、控制成本、控制生产等。而各种功能之间又有各种信息关联，构成了一个有机结合的整体，即由一个个功能子系统形成一个功能结构。图10－9描述的就是管理信息系统的功能结构，其中，图中每一行表示一个管理层次（战略计划层、管理控制层、运行控制层），每一列代表一种功能或职能，功能的划分没有标准的分法，因组织不同而异。图10-9列举了7种职能：市场营销、生产管理、后勤、人力资源、财务和会计、信息处理、高层管理。每个功能和管理的层次交叉就形成信息系统的一个应用领域，如基于市场营销管理的决策支持系统、基于人力资源管理控制的人力资源管理信息系统等。

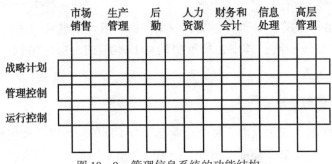

图10-9　管理信息系统的功能结构

4. 管理信息系统的硬件结构

管理信息系统的硬件结构是指系统的硬件组成部分、物理性能、连接方式。构成一个管理信息系统的硬件一般有计算机设备、通信设备和与计算机相连接的其他外部设备。计算机设备包括服务器和终端。服务器是整个系统的核心硬件部分，它管理和控制各个子系统的信息处理与传输权限；终端是分布在各个业务部门从事信息处理的设备。服务器和终端使用通信设备连接，在网络化的管理信息系统中，通信设备包括通信线路、交换机、路由器、集线器等。其他外部设备包括打印机、摄像机、传真机、绘图仪等。

硬件的物理特性决定了信息处理的能力，如处理和传输信息速度，实时、分时和批处理的效率都取决于硬件的性能。

10.5　ERP 系统简介

10.5.1　什么是 ERP 系统

ERP（企业资源计划）系统是指建立在信息技术的基础上，以系统化的管理思想，为企业决策及员工决策提供运行手段的管理平台。ERP 系统是一种可以提供跨地区、跨部门，甚至跨公司整合实时信息的企业管理信息系统。ERP 系统不仅是一个软件，更重要的是一种管理思想，它实现了企业内部资源和企业相关的外部资源的整合。通过软件把企业的人、财、物、产、供、销及相应的物流、信息流、资金流、管理流、增值流等紧密地集成起来实现资源优化和共享。

一言以蔽之，ERP 系统相当于每个企业的实时体检报告，用数据反映企业的各项生命指标。

10.5.2 ERP 系统能做什么

ERP 系统是专门为解决企业信息集成应运而生的专业性的系统解决方案。通过 ERP 系统，可把企业的设计、采购、生产、财务、营销等各个环节集成起来，共享信息和资源，有效地支撑经营决策，达到降低库存、提高生产力的目的，这也正是"集成"的真正意义所在。图 10 - 10 所示为常见 ERP 系统的功能。

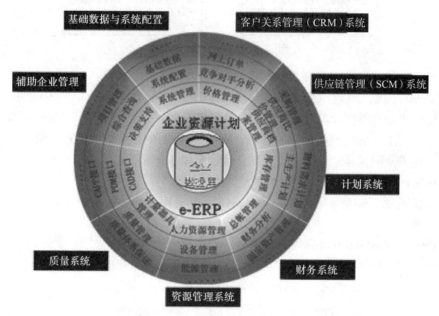

图 10 - 10　常见 ERP 系统的功能

概括起来 ERP 系统的作用如下：
（1）建立先进的信息系统平台；
（2）规范基础管理的各个环节；
（3）整合、打通企业的各种信息资源。

ERP 系统是在信息技术的基础上，建立起来的对企业的所有资源（物流、资金流、信息流、人力资源）进行整合集成管理的平台，采用信息化手段实现企业供应链的有效管理，从而实现对供应链上的供应商、核心企业、销售商，甚至最终用户每一环节的科学管理。ERP 系统集信息技术与先进的管理思想于一身，成为现代企业的运行模式，反映了时代对企业合理调配资源，最大化地创造社会财富的要求，成为企业在信息时代生存、发展的基石。

10.5.3 ERP 的发展历程

ERP 的发展大体上经历了 5 个阶段：
（1）基本 MRP 阶段，即物料需求计划阶段。
（2）闭环 MRP 阶段，即闭环物料需求计划阶段。图 10 - 11 所示是 MRP 逻辑流程。

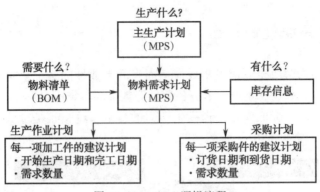

图 10 – 11　MRP 逻辑流程

（3）MRPⅡ阶段，即制造资源计划阶段。

20 世纪 90 年代，随着市场竞争的进一步加剧、企业竞争空间与范围的进一步扩大，MRPⅡ主要面向企业内部资源计划管理的思想逐步发展为有效利用和管理整体资源的管理思想，ERP 随之产生，它强调供应链的管理。除了传统 MRPⅡ系统的制造、财务、销售等功能外，还增加了分销管理、人力资源管理、运输管理、仓库管理、质量管理、设备管理、决策支持等功能。

（4）ERP 阶段，即企业资源计划阶段，以财务核算为核心面向企业内部所有生产环节的信息化管理。

（5）新一代 ERP – ERPⅡ阶段，即整合、打通供应链管理阶段。

新一代 ERP – ERPⅡ如图 10 – 12 所示。企业管理从内部管理转向供应链管理，企业的竞争转变为企业供应链的竞争，企业单打独斗的时期一去不复返。

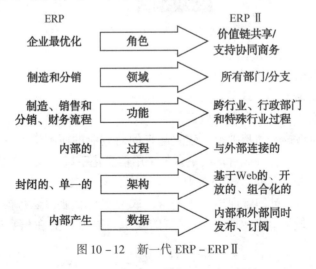

图 10 – 12　新一代 ERP – ERPⅡ

10.6　企业流程再造

企业流程再造（Business Process Reengineering，BPR），又叫业务流程重组，其目的就是在企业实行信息化管理之后，原来的企业组织结构、管理体系、管理职能、人员配备等都因工作流程的变化而改变。要保证企业高效、低成本运作就必须进行企业旧工作流程的重新调整和规范，以确保企业在激烈的市场竞争中立于不败之地。

1. 企业流程再造的概念

企业流程再造是对企业的业务流程作根本性的思考和彻底重建，其目的是在成本、质量、服务和速度等方面取得显著的改善，使企业能最大限度地适应以顾客、竞争、变化为特征的现代企业经营环境。

2. 流程的含义

流程是指一个或一系列跨越时间、占有空间的连续而有规律的活动。它由一系列单独的任务组成，有开始、结束、输入、输出，输入经过流程后变成输出。

3. 企业流程再造的目标

（1）识别企业的核心业务流程，按照经过优化的核心物流流程组织业务工作，这一核心流程必须能最大限度地给企业创造利益。

（2）简化或合并非增值部分的流程，剔除重复出现和不需要的步骤所带来的浪费。

（3）全体员工必须以顾客为中心，所有工作必以满足顾客需求为导向。

4. 企业流程再造的成功要素

"关键成功因素"（KSF）主要有：核心管理层的优先关注；企业的战略引导；可以量度的重组目标；可行的实施方法；把企业流程再造作为一个过程看待；提升业务流程的过程应得到资金的持续支持；组织为流程而定，而不是流程为组织而定；将客户与供应商纳入业务流程的重组范围；重组的一致性优先于完善性等。

5. 企业流程再造的作用

（1）使企业更贴近市场；

（2）使生产成本大幅度降低；

（3）使产品质量得到全面提升；

（4）使服务质量提高。

企业流程再造对一个老企业来说效果好、难较大，阻力往往来源于使用了新的信息系统后，管理效率会大幅提高，管理岗位用人数减少，必然使部分员工失去原来的工作岗位。所以，这项工作必须得到企业一把手的高度重视，要从企业生死存亡的高度广泛宣传，得到广大职工的拥护和支持，妥善处理好转岗职工的工作安排问题，才能够取得良好的效果。

● 本章小结

本章主要介绍了计算机在企业信息化中的作用，主要有以下要点：

（1）企业管理的基本知识。

（2）企业信息化及组织结构和岗位设置。

（3）企业供应链由企业上游原料供应商、企业本身，及下游商品销售企业和客户组成，供应链上的企业是一个利益共同体，供应链上有信息流、物流、资金流。

（4）管理信息系统在企业管理中的作用和任务。

（5）ERP 系统包含的主要模块以及发展趋势、ERP 系统与管理信息系统的关系。

（6）企业流程再造的目标就是在企业信息化后改革不合理的组织架构，提高企业的运行效率。

● 练习题

1. 简述社会组织及其分类。
2. 何为企业信息化？
3. 简述供应链的含义。
4. 简述管理信息系统的类型。
5. 简述 ERP 系统的含义及其与管理信息系统的区别。
6. 企业为什么进行企业流程再造？

第11章

新一代信息技术与就业

＜＜＜＜＜＜

知识目标

（1）了解除工业互联网、5G、物联网以外的云计算、大数据、人工智能、区块链、虚拟现实等新一代信息技术的内涵与应用；

（2）理解"互联网＋"行动计划的目标与内容；

（3）了解计算机类专业学生的就业目标岗位及需要的能力和素质。

中国数字经济发展迅猛，2019年数字经济占GDP的比重约为35%，总量超过30万亿元。随着数字化转型落地与应用阶段的到来，各个行业都会进入数字经济的范畴。而数字经济的发展，对各行各业来说都会产生新的机遇。新一代信息技术，就是推动数字经济的引擎①。

——中国工程院院士　倪光南

新一代信息技术是国务院确定的7个战略性新兴产业之一。新一代信息技术，是以物联网、云计算、大数据、人工智能为代表的新兴技术，它既是信息技术的纵向升级，也是信息技术的横向渗透融合。新一代信息技术无疑是当今世界创新最活跃、渗透性最强、影响力最广的领域，正在全球范围内引发新一轮的科技革命，并以前所未有的速度转化为现实生产力，引领科技、经济和社会日新月异。

11.1　云计算

云计算是分布式计算的一种，指的是通过网络"云"将巨大的数据计算处理程序分解成无数个小程序，然后，通过多部服务器组成的系统处理和分析这些小程序并将结果返回给用户。早期云计算，简单地说就是简单的分布式计算，解决任务分发，并进行计算结果的合并。因此，云计算又称为网格计算。通过这项技术，人们可以在很短的时间内（几秒钟）

---

① 摘自首届MEET 2020智能未来大会上，中国工程院院士倪光南的演讲《软件赋能数字经济，创新驱动数字中国》。

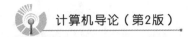

完成对数以万计的数据的处理，从而实现强大的网络服务。

现阶段所说的云服务已经不单是一种分布式计算，而是分布式计算、效用计算、负载均衡、并行计算、网络存储、热备份冗杂和虚拟化等计算机技术混合演进并跃升的结果。

对于云计算，李开复博士将其比作钱庄。最早人们只是把钱放在枕头底下，后来有了钱庄，存钱很安全，不过兑现起来比较麻烦，而现在人们可以到任何一个银行网点取钱，就像用电不需要家家装备发电机，而可直接从电力公司购买电一样。

11.1.1 云计算的发展历程

在 20 世纪的 90 年代，计算机网络出现了大爆炸，出现了以思科公司为代表的一系列公司，随即网络进入泡沫时代。

在 2004 年，Web2.0 会议举行，Web2.0 成为当时的热点，这也标志着互联网泡沫破灭，计算机网络发展进入了一个新的阶段。在这一阶段，让更多的用户方便快捷地使用网络服务成为互联网发展亟待解决的问题，与此同时，一些大型公司也开始致力于开发大型计算能力技术，为用户提供了更加强大的计算处理服务。

在 2006 年 8 月 9 日，谷歌公司首席执行官埃里克·施密特（Eric Schmidt）在搜索引擎大会首次提出云计算的概念。这是云计算发展史上第一次正式地提出这一概念，有着巨大的历史意义。

2007 年以来，云计算成为计算机领域最令人关注的话题之一，同样也是大型企业、互联网建设着力研究的重要方向。因为云计算的提出，互联网技术和 IT 服务出现了新的模式，引发了一场变革。

在 2008 年，微软公司发布其公共云计算平台（Windows Azure Platform），由此拉开了微软公司的云计算大幕。同样，云计算在国内也掀起一场风波，许多大型网络公司纷纷加入开发云计算的行列。

2009 年 1 月，阿里软件在江苏南京建立首个"电子商务云计算中心"。同年 11 月，中国移动云计算平台"大云"计划启动。如今，云计算已经发展到较为成熟的阶段。

11.1.2 云计算的服务类型与层次结构

云计算根据部署方式的不同可以分为私有云、公有云和混合云。其中，私有云是被某一单一组织拥有或租用，坐落在本地或异地的云基础设施；公有云是被一个提供云计算服务的运营组织所拥有的云基础设施，该组织将云计算服务销售给一般大众或广大的中小企业群体；混合云则由私有云及公有云组成，每种云仍然保持独立实体，但用标准的或专有的技术将它们组合起来，从而具有数据和应用程序的可移植性。

根据服务模式的不同，云计算服务类型分为 3 类，即基础设施即服务（IaaS）、平台即服务（PaaS）和软件即服务（SaaS）。这 3 种云计算服务有时称为云计算堆栈，因为它们构建堆栈，它们位于彼此之上。

1. 基础设施即服务

IaaS 是以虚拟化、自动化和服务化为特征的云平台，通过 Internet 为用户提供基础资源服务和业务快速部署的能力，向云计算需求方的个人或组织提供虚拟化计算资源，如虚拟机、存储、网络和操作系统。

2. 平台即服务

PaaS 是通过构建在基础设施之上的软件研发平台，为程序员提供通过全球互联网进行开发、测试和管理应用软件的按需开发环境。

3. 软件即服务

SaaS 是通过互联网提供按需软件付费应用程序，云计算提供商托管和管理软件应用程序，并允许其用户连接到应用程序并通过全球互联网访问应用程序，即用户通过 Internet 无须购买软件，而是向提供商租用基于 Web 的软件。

云计算的物理实体是数据中心，由"云"的基础单元（云元）和"云"操作系统，以及连接云元的数据中心网络等组成。IaaS、PaaS、SaaS 对应的技术架构如图 11 – 1 所示。

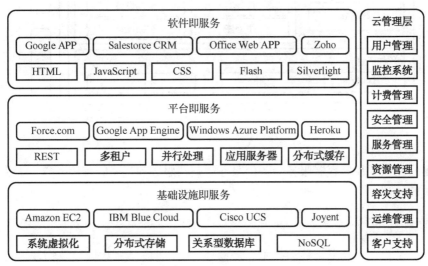

图 11 – 1 云计算的技术架构

云计算产业由云计算服务业、云计算制造业、基础设施服务业以及支持产业等组成，如图 11 – 2 所示。

11.1.3 云计算的主要应用

在需要存储和处理大量信息的场合，都会用到云计算，像百度和谷歌的搜索引擎就是通过云计算，使用户在任何时刻，只要用过移动终端就可以搜索到任何想要的资源，通过云端共享数据资源。

1. 存储云

存储云，又称云存储，是在云计算技术的基础上发展起来的一个新的存储技术。云存储是一个以数据存储和管理为核心的云计算系统。用户可以将本地的资源上传至云端，可以在任何地方接入互联网来获取云上的资源。百度云和微云则是国内市场占有量最大的存储云。

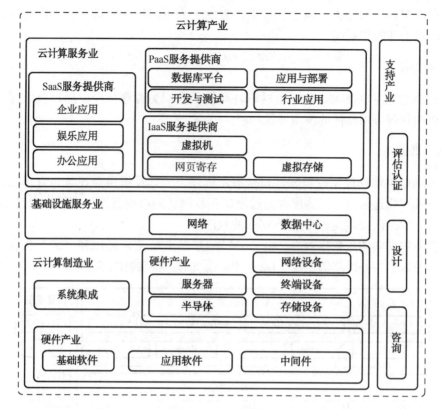

图 11-2　云计算产业

存储云向用户提供了存储容器服务、备份服务、归档服务和记录管理服务等，大大方便了使用者对资源的管理。

2. 医疗云

医疗云，是指在云计算、移动技术、多媒体、4G 通信、大数据以及物联网等新技术的基础上，结合医疗技术，使用云计算来创建医疗健康服务云平台，实现医疗资源的共享和医疗范围的扩大。因为云计算技术的运用，医疗云提高了医疗机构的效率，方便人们就医。像现在医院的预约挂号、电子病历、医保等都是云计算与医疗领域结合的产物，医疗云还具有数据安全、信息共享、动态扩展、全国布局的优势。

3. 金融云

金融云，是指利用云计算的模型，将信息、金融和服务等功能分散到庞大分支机构构成的互联网"云"中，旨在为银行、保险和基金等金融机构提供互联网处理和运行服务，同时共享互联网资源，从而解决现有问题并且达到高效、低成本的目标。在 2013 年 11 月 27 日，阿里云整合阿里巴巴旗下资源并推出阿里金融云服务。其实，这就是现在基本普及的快捷支付，因为金融与云计算的结合，现在只需要在手机上简单操作，就可以完成银行存款、购买保险和基金买卖。现在，不仅阿里巴巴推出了金融云服务，像苏宁金融、腾讯等企业也均推出了自己的金融云服务。

4. 教育云

教育云，实质上是指教育信息化的一项发展。具体的，教育云可以将所需要的任何教育硬件资源虚拟化，然后将其传入互联网中，以向教育机构和学生、老师提供一个方便快捷的平台。现在流行的慕课就是教育云的一种应用。慕课（MOOC），指的是大规模开放的在线课程。现阶段慕课的三大优秀平台为 Coursera、edX 以及 Udacity，在国内，中国大学 MOOC 也是非常好的平台。在 2013 年 10 月 10 日，清华大学推出慕课平台——学堂在线，许多大学现已使用学堂在线开设了一些课程的慕课。

11.2　大数据

大数据（big data），或称巨量资料，指的是资料量规模巨大到无法通过目前主流软件工具，在合理时间内达到撷取、管理、处理，并整理成为帮助企业经营决策更积极目的的资讯。

最早提出"大数据"时代到来的是全球知名咨询公司麦肯锡，麦肯锡公司称："数据，已经渗透到当今每一个行业和业务职能领域，成为重要的生产因素。人们对于海量数据的挖掘和运用，预示着新一波生产率增长和消费者盈余浪潮的到来。"大数据是云计算、物联网之后 IT 行业又一颠覆性的技术革命。云计算主要为数据资产提供了保管、访问的场所和渠道，而数据才是真正有价值的资产。企业内部的经营交易信息，互联网世界中的商品物流信息，互联网世界中人与人的交互信息、位置信息等，其数量将远远超越现有企业 IT 架构和基础设施的承载能力，实时性要求也将大大超越现有的计算能力。如何盘活这些数据资产，使其为国家治理、企业决策乃至个人生活服务，是大数据的核心议题，也是云计算内在的灵魂和必然的升级方向。

11.2.1　大数据"有多大"

如今，"大数据"一词越来越多地被提及，人们用它来描述和定义信息爆炸时代产生的海量数据，并命名与之相关的技术发展与创新。数据正在迅速膨胀，它决定着企业未来的发展，虽然很多企业可能并没有意识到数据爆炸性增长带来的问题，但是随着时间的推移，人们意识到数据对企业的重要性。

大数据在互联网行业指的是互联网公司在日常运营中生成、累积的用户网络行为数据。这些数据的规模庞大，甚至不能用 G 或 T 来衡量。

《数据时代 2025》报告显示，全球每年产生的数据将从 2018 年的 33ZB 增长到 175ZB（如图 11−3 所示），相当于每天产生 491EB 数据。那么 175ZB 数据到底有多大呢？1ZB 相当于 1.1 万亿 GB。如果把 175ZB 全部存在 DVD 光盘中，那么 DVD 光盘叠加起来的高度将是地球和月球距离的 23 倍（月地最近距离约为 39.3 万千米），或者绕地球 222 圈（一圈约为四万千米）。目前美国的平均网速为 25 Mbit/s，一个人要下载完这 175ZB 的数据，需要 18 亿年。

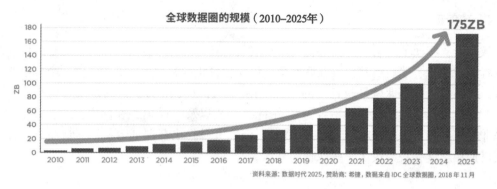

图 11 - 3　全球数据圈的规模统计预测

如今，每天有超过 50 亿消费者与数据互动，到 2025 年，这一数字将达到 60 亿，占全球人口的 75%。2025 年，每个互联网人员将至少每 18 秒进行一次数据交互。这些交互中的大部分是由全球各地所连接的数十亿物联网设备所产生的，预计到 2025 年将创造超过 90ZB 数据。

11.2.2　大数据的特点和用途

大数据的宝贵价值成为人们存储和处理大数据的驱动力。《大数据时代》一书指出了大数据时代处理数据理念的三大转变，即要全体不要抽样、要效率不要绝对精确、要相关不要因果。因此，海量数据的处理和利用是大数据研究的主要目的。

"啤酒与尿布"的故事是大数据挖掘的经典案例。故事发生于 20 世纪 90 年代的美国沃尔玛超市中，沃尔玛超市的管理人员分析销售数据时发现了一个令人难以理解的现象：在某些特定的情况下，啤酒与尿布这两种看上去毫无关系的商品会经常出现在同一个购物篮中，这种独特的销售现象引起了管理人员的注意，经过后续调查发现，这种现象出现在年轻的父亲身上。

在美国有婴儿的家庭中，一般是母亲在家中照看婴儿，年轻的父亲前去超市购买尿布。父亲在购买尿布的同时，往往会顺便为自己购买啤酒，这样就会出现啤酒与尿布这两种看上去不相干的商品经常会出现在同一个购物篮中的现象。

如果这个年轻的父亲在卖场只能买到两种商品之一，则他很有可能会放弃购物而到另一家商店，直到可以一次同时买到啤酒与尿布为止。沃尔玛发现了这一独特的现象，开始在卖场尝试将啤酒与尿布摆放在相同的区域，让年轻的父亲可以同时找到这两件商品，并很快地完成购物，沃尔玛由此获得了很好的商品销售收入。

从某种程度上说，大数据是数据分析的前沿技术。简言之，从各种类型的数据中，快速获得有价值的信息的能力，就是大数据技术。

大数据分析相比于传统的数据仓库，具有数据量大、查询分析复杂等特点。大数据的特点有 4 个：

（1）数据体量巨大，从 TB 级别跃升到 PB 级别。

（2）数据类型繁多，如网络日志、视频、图片、地理位置信息等。

（3）处理速度快，可从各种类型的数据中快速获得高价值的信息，这一点也和传统的数据挖掘技术有着本质的不同。

（4）只要合理利用数据并对其进行正确、准确的分析，将会带来很高的价值回报。业界将其归纳为4个"V"—大量（Volume）、多样（Variety）、高速（Velocity）、价值（Value）。

数据中蕴藏的事物之间的关系和发展规律，必须通过数据挖掘来搜寻，数据挖掘实现的主要功能如下：

（1）对数据的统计分析与特征描述。

统计分析与特征描述可对数据本质进行刻画。统计分析主要包括数据的集中趋势分析、数据的离散程度分析、数据的频数分布分析等，常用的统计指标有：计数、求和、平均值、方差、标准差等。如某同学各门课的平均分、同专业同课程不同班级之间的平均成绩分析。

（2）关联规则挖掘和相关性分析。

关联规则挖掘和相关性分析是研究两个或两个以上处于同等地位的随机变量间的相关关系的统计分析方法。

（3）分类与回归。

分类是通过对一些已知类别标号的数据进行分析，找到一种可以描述和区分数据类别的模型，然后用这个模型来预测未知类别标号的数据所属的类别，例如百度可以根据植物照片来判断它是哪种植物。

回归则是对数值型的函数进行建模，常用于数值预测，如房屋租赁价格预测。

（4）聚类分析。

聚类分析是对未知类别标号的数据进行直接处理。聚类的目标是使聚类内部数据的相似性最大，聚类之间数据的相似性最小。每一个聚类可以看成一个类别，从中可以导出分类的规则，如班主任根据班内同学兴趣的相似性将他们分到对应的兴趣小组。

（5）异常检测或者离群点分析

数据集中包含的一些数据与数据模型的总体特性不一致，称为离群点。离群点可以通过统计测试进行检测，如假定数据服从某一概率分布，看对象是否在分布范围内。也可以使用距离测量，将与任何聚类都相距很远的对象当作离群点。也可以用基于密度的算法来检测局部区域内的离群点。其常用于反作弊、伪基站、金融诈骗等领域的研判。

物联网、云计算、移动互联网、车联网、手机、平板电脑、遍布地球各个角落的各种各样的传感器，无一不是数据来源或者承载的方式。

大数据可分成大数据技术、大数据工程、大数据科学和大数据应用等领域。目前人们谈论最多的是大数据技术和大数据应用。工程和科学问题尚未被重视。大数据工程指大数据的规划、建设、运营、管理的系统工程；大数据科学在大数据网络发展和运营过程中发现和验证大数据的规律及其与自然和社会活动之间的关系。

11.2.3　大数据与云计算的关系

从技术上看，大数据与云计算的关系就像一枚硬币的正、反面一样密不可分。大数据必然无法用单台计算机进行处理，必须采用分布式架构。它的特色在于对海量数据进行分布式数据挖掘（SaaS），但它必须依托云计算的分布式处理、分布式数据库（PaaS）和云存储、虚拟化技术（IaaS）。图11-4所示为大数据与云计算的关系。

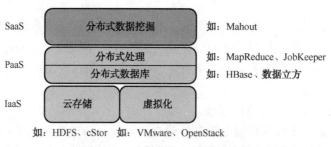

图 11-4   大数据与云计算的关系

随着云时代的到来，大数据也吸引了越来越多的关注。大数据需要特殊的技术，以有效地处理大量的数据。适用于大数据的技术，有大规模并行处理数据库、数据挖掘电网、分布式文件系统、分布式数据库、云计算平台、互联网和可扩展的存储系统等。

11.3   人工智能

人工智能是研究、开发用于模拟、延伸和扩展人的智能的理论、方法、技术及应用系统的一门新的技术科学。

人工智能是计算机科学的一个分支，它企图了解智能的实质，并生产出一种新的能以与人类智能相似的方式作出反应的智能机器，该领域的研究包括机器人、语言识别、图像识别、自然语言处理和专家系统等。人工智能从诞生以来，理论和技术日益成熟，应用领域也不断扩大，可以设想，未来人工智能带来的科技产品，将是人类智慧的"容器"。人工智能可以对人的意识、思维的信息过程进行模拟。人工智能不是人的智能，但能像人那样思考，在某些领域也可能超过人的智能。

11.3.1   人工智能研究的内容

一般认为，人工智能的研究分两个方面：人工智能的理论基础、人工智能的实现。所以，人工智能研究涉及的基本内容可总结为9个方面：认知建模、知识表示、知识推理、知识应用、机器感知、机器思维、机器学习、机器行为、智能系统构建。

（1）认知建模、知识表示、知识推理是对人类智能模式的一种抽象。

认知建模主要研究人类的思维方式、信息处理的过程、心理过程，以及人类的知觉、记忆、思考、学习、想象、概念、语言等相关的活动模式。知识表示，则是将人类已经掌握的知识概念化、形式化、模型化，其重要性在于，人类要想建立超越人的人工智能系统，就要把整个人类种群所掌握的知识灌输给它，从而让它在一定程度上可以在知识量方面超越任何一个人类个体。知识推理，则是研究人类利用已有的知识推导出新的知识或结论的过程，从而可以让机器也可以像人一样推理。

（2）机器感知、机器思维、机器学习、机器行为则是对人类智能的一种模拟实现。

①机器感知，研究的是如何使机器具有类似人类的感觉，包括视觉、听觉、触觉、嗅觉、痛觉等，这要用到认知建模里面的知觉理论，而且需要能够提供相应知觉所需信息的传感器。例如，机器视觉具有视觉理论基础，同时还需要摄像头等传感器提供机器视觉所需要

的图像数据。

②机器思维，是利用机器感知的信息、认知模型、知识表示和推理来有目标地处理感知信息和智能系统内部的信息，从而针对特定场景给出合适的判断，制定策略。机器思维，顾名思义就是在机器的"脑子"里进行的动态活动，也就是计算机软件动态处理信息的算法。

③机器学习，是与人类的学习活动对标的。虽然有了知识并且也可以基于已有知识去推理，但是机器也要像人一样不断地学习新的知识从而更好地适应环境。机器学习研究的就是如何让机器在与人类、自然交互的过程中自发地学习新的知识，或者利用人类已有的文献数据资料进行知识学习。目前，人工智能研究和应用最广泛的内容就是机器学习，包括深度学习、强化学习等。

④机器行为，是指智能系统具有的表达能力和行动能力，包括与人对话、与机器对话、描述场景、移动、操作机器和抓取物体等能力。而语音系统（音箱）、执行机构（电机、液压系统）等是机器行为的物质基础。智能系统要想具备行为能力，离不开机器感知和机器思维的结果。

（3）人工智能研究的最终目的是构建拟人、类人、超越人的智能系统

拟人、类人、超越人是人工智能的三部曲，人类最终要用一种实用的方式将上述关于知识和机器的研究技术付诸实现。目前已有的人工智能系统的实现主要体现在机器人（仿人、仿生，如 Atlas 仿人机器人、Big Dog 机器狗等）、无人系统（如无人车、无人机、无人船等）、人工大脑（如 IBM 沃森、阿尔法狗）等。

11.3.2　人工智能典型应用案例

1. 智能音箱

智能音箱，是一个音箱升级产物，是家庭消费者用语音进行上网的工具，比如点播歌曲、上网购物，或收听天气预报，它也可以对智能家居设备进行控制，比如打开窗帘、设置冰箱温度、提前让热水器升温等。从人工智能的角度看，智能音箱是一个轻量型、入门级的产品。目前商品种类繁多，外形多样，网上可供选择型号有 100 多种。像百度、阿里巴巴、天猫、小米、华为等网络公司都有自己的商品在售。

2. 自动驾驶汽车

自动驾驶汽车（Autonomous Vehicles/Self – driving Automobile）又称无人驾驶汽车、电脑驾驶汽车或轮式移动机器人，是一种通过电脑系统实现无人驾驶的智能汽车。自动驾驶汽车在 20 世纪已有数十年的历史，在 21 世纪初呈现出接近实用化的趋势。

自动驾驶汽车依靠人工智能、视觉计算、雷达、监控装置和全球定位系统协同合作，让电脑可以在没有任何人类的主动操作下，自动安全地操作机动车辆。

2010 年 10 月 9 日，谷歌公司在官方博客中宣布，其正在开发自动驾驶汽车，目标是通过改变汽车的基本使用方式，协助预防交通事故，将人们从大量的驾车时间中解放出来，并减少碳排放。

2019 年 9 月，由百度和一汽联手打造的中国首批量产 L4 级自动驾驶乘用车——红旗

EV，获得5张北京市自动驾驶道路测试牌照。9月22日，国家智能网联汽车（武汉）测试示范区正式揭牌；12月，百度apollo形成了自动驾驶、车路协同、智能车联三大平台、三重开放的布局，走出一条城市、科技企业和汽车产业三位一体的"中国特色"自动驾驶之路（如图11-5所示）。

图11-5　百度自动驾驶汽车

在自动驾驶的全球竞技中，百度已成为中国最具代表性的创新性企业，也是观察本土智能驾驶技术和产业进化最重要的标杆——落地全国23城、路测里程突破300万千米、中国路测牌照超150张，具有1 237件智能驾驶专利申请量、拥有3.6万多名开发者、开发56万行开源代码、集合177家生态合作伙伴、搭建首个国家级自动驾驶开放平台、研制首个前装量产Robotaxi、首先面向普通市民试运营，成绩亮眼。

3. 机器人

机器人（robot）是靠自身动力和控制能力来实现各种功能的一种机器，或称做自动执行工作的机器装置。它既可以接受人类指挥，又可以运行预先编排的程序，也可以根据以人工智能技术制定的原则纲领行动。它的任务是协助或替代人类的部分工作，例如生产业、建筑业中的工作，尤其是具有危险性的工作。工业机器人、配送机器人、比赛机器人、送菜机器人、导购机器人、保安机器人等如图11-6所示。

机器人是控制论、机械电子、计算机、材料和仿生学高级整合的产物。在工业、医学、农业、建筑业、军事，甚至人们日常生活等领域中均有重要用途。

机器人本体，其臂部一般采用空间开链连杆机构，其中的运动副（转动副或移动副）常称为关节，关节个数通常即机器人的自由度数。根据关节配置形式和运动坐标形式的不同，机器人执行机构可分为直角坐标式、圆柱坐标式、极坐标式和关节坐标式等类型。出于拟人化的考虑，常将机器人本体的有关部位分别称为基座、腰部、臂部、腕部、手部（夹持器或末端执行器）和行走部（对于移动机器人）等。

机器人的控制系统，一种是集中式控制，即机器人的全部控制由一台微型计算机完成；另一种是分散（级）式控制，即采用多台微型计算机分担机器人的控制任务，例如，当采用上、下两级微型计算机共同完成机器人的控制任务时，主机常用于负责系统的管理、通信、运动学和动力学计算，并向下级微型计算机发送指令信息，作为下级从属机，各关节分别对应一个CPU，进行插补运算和伺服控制处理，实现给定的运动，并向主机反馈信息。根据作业任务要求的不同，机器人的控制方式又可分为点位控制、连续轨迹控制和力（力矩）控制。

图 11-6 各类机器人

（a）配送机器人；（b）送菜机器人；（c）保安机器人；（d）工业机器人；（e）比赛机器人；（f）导购机器人

11.4 区块链

区块链是一个信息技术领域的术语。从本质上讲，它是一个共享数据库，存储于其中的数据或信息具有不可伪造、全程留痕、可以追溯、公开透明、集体维护等特征。基于这些特征，区块链技术奠定了坚实的信任基础，创造了可靠的合作机制，具有广阔的运用前景。

2019 年 1 月 10 日，国家互联网信息办公室发布《区块链信息服务管理规定》。2019 年10 月 24 日，在中央政治局第十八次集体学习时，习近平总书记强调"把区块链作为核心技术自主创新的重要突破口""加快推动区块链技术和产业创新发展"。区块链已走进大众视野，成为社会的关注焦点。

区块链起源于比特币。2008年11月1日，一位自称中本聪（Satoshi Nakamoto）的人发表了《比特币：一种点对点的电子现金系统》一文，阐述了基于P2P网络技术、加密技术、时间戳技术、区块链技术等的电子现金系统的构架理念，这标志着比特币的诞生。两个月后理论步入实践，2009年1月3日第一个序号为0的创世区块诞生。2009年1月9日出现序号为1的区块，并与序号为0的创世区块相连接形成了链，这标志着区块链的诞生。

比特币是一套去中心化的数字货币发行与支付系统。在发行方面，任何人都可以下载并运行开源的比特币软件，成为节点，通过相互竞争的方式获取创建区块的权利，并获得该区块中所包含的比特币。这个竞争的过程需要耗费大量的算力（反复运行散列算法），找一个最小的散列值，类似黄金的采掘过程，被称为"挖矿"。比特币生成算法会动态调整算法的复杂度，已经产生的比特币越多，参与"挖矿"的人数越多，算法就越复杂，"挖矿"的难度越大。比特币的发行机制保证了其稀缺性，不会发生通货膨胀，因此也被称为"数字黄金"。在存储与支付过程中，比特币利用区块链技术，实现了高度的信息保真，实现了各节点间的信任。区块链是将分布式数据存储、点对点传输、共识机制和加密算法等计算机技术结合起来，形成的一种去中心化的数据存储系统。

如今，比特币仍是数字货币的绝对主流，数字货币呈现了百花齐放的状态，常见的有bitcoin、litecoin、dogecoin、dashcoin，除了货币的应用之外，还有各种衍生应用，如以太坊Ethereum、Asch等底层应用开发平台以及NXT、SIA、比特股、MaidSafe、Ripple等行业应用。

2020年4月14日，中国人民银行数字货币研究所相关负责人表示，目前数字人民币研发工作正在稳妥推进，先行在深圳、苏州、雄安新区、成都及未来的冬奥场景进行内部封闭试点测试，以不断优化和完善功能。央行数字货币使我国有望成为全球首个使用法定数字货币的国家。其法定数字货币的名称为DCEP，是Digital Currency Electronic Payment（数字货币电子支付）的缩写。

我国央行数字货币的特征主要体现在金融与技术两方面：

（1）金融特征。央行数字货币的功能与属性与人民币纸币完全一样，只不过是纸币的数字化版本。这说明数字货币是法定货币，维系数字货币流通系统所依赖的是国家信用。经济学中常用M0指称流通于银行体系之外的现金，央行对DCEP的定位就是替代M0，也就是对现金的替代。

（2）技术特征。央行数字货币并未完全采用区块链技术。中国人民银行数字货币研究所区块链课题组曾发文指出，区块链系统处理效能有待提高，基于该技术的加密资产无法保证其锚定资产的稳定性，同时其去中心化特性也与央行的集中管理要求存在冲突。但据称，央行数字货币借鉴了其中一些技术理念，如非对称加密、智能合约等。由此形成的全新加密数字货币体系具有安全、可控匿名、不可伪造等优点，弥补了现有货币成本高、追踪难、造假大等问题。

1. 区块链的类型

1）公有区块链

公有区块链（Public Block Chains）是指，世界上任何个体或者团体都可以发送交易，且交易能够获得该区块链的有效确认，任何人都可以参与其共识过程。公有区块链是最早的区块链，也是应用最广泛的区块链，各大 bitcoins 系列的虚拟数字货币均基于公有区块链，世界上有且仅有一条该币种对应的区块链。

2）行业区块链

行业区块链（Consortium Block Chains）由某个行业群体（如银行系统）内部指定多个预选的节点为记账人，每个区块的生成由所有的预选节点共同决定（预选节点参与共识过程），其他接入节点可以参与交易，但不过问记账过程（本质上还是托管记账，只是变成分布式记账，预选节点的多少、如何决定每个区块的记账者成为该类型区块链的主要风险点），其他任何人可以通过该类型区块链开放的应用程序接口（API）进行限定查询。

3）私有区块链

私有区块链（Private Block Chains）仅仅使用区块链的总账技术进行记账，可以是一个公司，也可以是个人，独享该类型区块链的写入权限，本链与其他的分布式存储方案没有太大区别。传统金融都想尝试私有区块链，而公有区块链的应用已经工业化，私有区块链的应用产品还在摸索当中。

2. 区块链的核心技术

1）分布式账本

分布式账本指的是交易记账由分布在不同地方的多个节点共同完成，而且每一个节点记录的是完整的账目，因此它们都可以参与监督交易合法性，同时也可以共同为其作证。

与传统的分布式存储有所不同，区块链的分布式存储的独特性主要体现在两个方面：一是区块链每个节点都按照区块链式结构存储完整的数据，传统分布式存储一般是将数据按照一定的规则分成多份进行存储；二是区块链每个节点存储都是独立的、地位等同的，依靠共识机制保证存储的一致性，而传统分布式存储一般是通过中心节点往其他备份节点同步数据。没有任何一个节点可以单独记录账本数据，从而避免了单一记账人被控制或者被贿赂而记假账。由于记账节点足够多，理论上除非所有的节点被破坏，否则账目就不会丢失，从而保证了账目数据的安全性。

2）非对称加密

存储在区块链上的交易信息是公开的，但是账户身份信息是高度加密的，只有在数据拥有者授权的情况下才能访问，从而保证了数据的安全和个人的隐私。

3）共识机制

共识机制就是所有记账节点之间达成共识，认定一个记录的有效性的机制，这既是认定的手段，也是防止篡改的手段。区块链提出了 4 种不同的共识机制，适用于不同的应用场景，在效率和安全性之间取得平衡。

区块链的共识机制具备"少数服从多数"以及"人人平等"的特点，其中"少数服从多数"并不完全指节点个数，也可以是计算能力、股权数或者其他的计算机可以比较的特征量。"人人平等"是指当节点满足条件时，所有节点都有权优先提出共识结果，直接被其他节点认同后并最后有可能成为最终共识结果。以比特币为例，它采用的是工作量证明，只有在控制了全网超过 51% 的记账节点的情况下，才有可能伪造出一条不存在的记录。当加入区块链的节点足够多的时候，这基本上不可能，从而杜绝了造假的可能。

4）智能合约

智能合约是指基于这些可信的不可篡改的数据，可以自动地执行一些预先定义好的规则和条款。以保险为例，如果说每个人的信息（包括医疗信息和风险发生的信息）都是真实可信的，那就很容易在一些标准化的保险产品中进行自动理赔。在保险公司的日常业务中，虽然交易不像银行和证券行业那样频繁，但是对可信数据的依赖有增无减。因此，利用区块链技术，从数据管理的角度切入，能够有效地帮助保险公司提高风险管理能力。

11.5　虚拟现实

虚拟现实（Virtual Reality，VR）是近年来出现的高新技术，也称为灵境技术或人工环境。虚拟现实是利用计算机模拟产生一个三维空间的虚拟世界，提供使用者关于视觉、听觉、触觉等感官的模拟，让使用者如同身临其境，及时、没有限制地观察三维空间内的事物。

人们看周围的世界时，由于两只眼睛的位置不同，得到的图像也略有不同，这些图像在大脑里融合，形成一个关于周围世界的整体景象，这个景象包括距离信息。当然，距离信息也可以通过其他方法获得，例如眼睛焦距的远近、物体大小的比较等。

在虚拟现实系统中，双目立体视觉起了很大作用。用户的两只眼睛看到的不同图像是分别产生的，显示在不同的显示器上。有的系统采用单个显示器，但用户带上特殊的眼镜后，一只眼睛只能看到奇数帧图像，另一只眼睛只能看到偶数帧图像，奇数、偶数帧之间的不同（也就是视差）产生了立体感。

虚拟现实是多种技术的综合，包括实时三维计算机图形技术，广角（宽视野）立体显示技术，对观察者头、眼和手的跟踪技术，以及触觉/力觉反馈，立体声，网络传输，语音输入、输出技术等。虚拟现实装备如图 11 - 7 所示。

图 11 - 7　虚拟现实装备

11.6　国家"互联网 +"行动计划

2015 年 3 月 5 日，十二届全国人大三次会议上，李克强总理在政府工作报告中首次提出"互联网 +"行动计划。李克强在政府工作报告中提出"制定'互联网 +'行动计划，推动移动互联网、云计算、大数据、物联网等与现代制造业结合，促进电子商务、工业互联网和互联网金融健康发展，引导互联网企业拓展国际市场"。"互联网＋"代表一种新的经济形态。

11.6.1 "互联网＋"的内涵

所谓"互联网＋"，是指以互联网为主的新一代信息技术（包括移动互联网、云计算、物联网、大数据等）在经济、社会生活各部门的扩散、应用与深度融合的过程，这将对人类经济社会产生巨大、深远而广泛的影响。"互联网＋"的本质是传统产业的在线化、数据化。这种业务模式改变了以往仅封闭在某个部门或企业内部的传统模式，可以随时在产业的上、下游，协作主体之间以最低的成本流动和交换。

当前我国在发展"互联网＋"及其经济新业态的过程中也存在一些问题和不足：一是技术创新体系不完善，在互联网核心芯片、基础软件和关键器件上的自主创新能力不强，大部分产品处于价值链底端，附加值较低；二是创新、创业环境营造得不够，新形势下传统企业的互联网意识不强，地区发展不平衡问题依然突出；三是基础设施有待进一步优化提升，信息技术推广应用的深度、广度，信息资源的开发利用程度，"两化"深度融合水平有待进一步提高。

11.6.2 实施"互联网＋"行动计划的总体思路

实施"互联网＋"行动计划的总体思路就是要抓住新一轮科技革命和产业变革的历史机遇，以改革创新激发全社会发展新经济的积极性，使互联网等新一代信息技术与中国传统产业深度融合，使互联网经济模式促进新型业态的发展成为中国新常态下再创竞争优势的主要形态。通过"互联网＋"计划大力推动模式创新、新应用拓展、新技术突破、新服务创造和新资源开发，着力发展"互联网＋"新业态，推进中国产业智能化升级，打造万亿级信息经济的核心产业，建设感知互联的智慧城市，全面提升中国经济社会新时期的科学发展水平。

为此，首先必须进一步理解实施"互联网＋"行动计划的战略定位，要深入贯彻党的十八大，十八届三中、四中全会和习近平总书记系列重要讲话精神，坚持以"发展为第一要务"，认真落实"四个全面"的新要求，全面深化改革开放，以"互联网＋"为抓手，坚持"两化"深度融合与"四化"同步协同发展，大力实施创新驱动，致力融合应用，着力激发"大众创业、万众创新"，突破新技术、研发新产品、开发新服务、创造新业态、改造传统产业、发展新兴产业，推动中国经济社会全面转型升级。

其次，要确立"互联网＋"行动计划的目标。依据我国现有的基础和条件，应该明确到2020年，互联网经济与其他产业经济的融合渗透及其转型创新进一步深化，初步确立互联网经济在我国经济中的主导地位，信息经济发展水平位于世界前列，基本建成若干有影响的"互联网＋"经济深度融合示范区。在大数据应用领域，应建成2～3个国内领先的大数据营运中心，引进和培育一批大数据应用企业，政府信息资源和公共信息资源开放共享机制基本建立。在"两化"融合领域，应使我国"两化"融合发展指数达到86以上，发展水平明显提高。

最后，基于上述战略定位和发展目标，"互联网＋"行动计划应着力于3个方面的内容：一是着力做优存量，推动现有的传统行业提质增效，包括制造、农业、物流、能源等产业，通过实施"互联网＋"行动计划推进转型升级；二是着力做大增量，打造新的增长点，培育新的产业，包括生产性服务业、生活性服务业；三是要推动优质资源的开放，完善服务监管模式，增强社会民生等领域的公共服务能力。

11.6.3 "互联网＋"行动计划的主要内容

（1）做优存量，推动传统产业提质增效、转型升级。

①加快互联网与传统制造业的深度融合。

积极推动智能制造发展，要依据需求，组织开发智能网络化新产品。要加快发展智能网络化装备，实施智能制造重大专项、"数控一代"装备创新等工程，推动智能设备及关键部件核心技术升级和产业化。要推进制造企业的物联网建设。要推动制造业向服务型制造业转型。要加快重点行业的绿色制造变革。

②发展"互联网＋"农业，促进农业现代化。

要通过"互联网＋"行动计划，积极推进国家农村信息化示范区建设，以农村信息化综合服务平台为核心，以三网融合通道建设和资源整合为重点，打造智慧农业云平台，构建现代农业信息、村务民生服务和农产品电子商务三大类专业信息服务系统。通过多方协作建立透明可持续的农产品供应链体系，开展农产品质量安全追溯示范系统建设，提高农产品质量及安全水平。开展设施农场种植、规模农场养殖、森林防火监测等农业物联网的建设示范试点工作，推进设施农业物联网建设，大力发展高效农业，加快农业现代化。

③发展"互联网＋"服务业，加速推进服务业现代化。

深化信息技术在服务业领域的广泛应用，促进信息技术应用向生产性服务业和生活性服务业渗透，实现传统服务业向现代服务业转变。进行服务业智能化和网络化升级，推进现代服务业结构向高级化发展。依托信息技术的广泛渗透运用，开拓发展科技咨询、数字出版、会展、连锁经营、文化服务、教育培训等现代服务业。

（2）探索新模式，培育新产业，发展新业态，打造新的增长点。

①提升发展新型电子商务。

②积极稳健地发展"互联网＋"金融。

③大力推进"互联网＋"物流业现代化。

④加快培育"有活力"的"互联网＋"现代服务业。

（3）推动优质资源开放，完善服务监管理念。

①提升电子政务服务效能，构建互联互通的电子政务公共服务平台。

②构筑开放共享的"数据中国"。

③推进信息惠民和智慧城市建设。

④促进优质教育资源的共享利用。

⑤大力发展"互联网＋"公共服务体系。

⑥促进政府和公共数据资源的开放共享。

⑦创新"互联网＋"的培育引导模式。

⑧加快与信息立法相关的法制建设。

在2019年第十八届中国互联网大会开幕式上，发展和改革委员会领导对我国"互联网＋"的未来发展提出4点建议：一是建设万物互联的基础设施，研究制定新时期"宽带中国"战略；二是深入推进"互联网＋"行动，出台"互联网＋"高质量发展的政策举措；三是提升互联网的创新能力和水平，深化体制机制改革，营造鼓励创新发展，包容审慎监管的生态环境；四是构建新兴互联网治理体系，破除数据流通壁垒，大力推进政务信息系统整合共享，实施"互联网＋"监管。这为我国"互联网＋"的未来发展指明了方向。

11.7 就业岗位及要求

信息产业发展的关键是相应人才的拥有量，高素质的信息人才是实现信息化社会的保证和原动力，是信息化社会的基本特征之一。

在未来的信息化社会中，大量的信息、技术和知识的产生、传输及服务不仅可以与工业、农业、服务业相提并论，而且信息产业的发展速度远远高于其他产业。信息产业将成为世界上最大的产业。信息资源将成为一个国家最重要的战略资源。一个国家如果缺乏高素质的信息人才，没有良好的信息环境，缺乏信息资源，只能是一个贫穷落后的国家。

信息化社会所需要的计算机人才是多方位的，不仅需要研究型、设计型的人才，而且需要应用型的人才；不仅需要开发型的人才，而且需要维护型、服务型、操作型的人才。

信息化社会对人才素质的培养和知识结构的更新提出了更高的要求。计算机的发展及其对社会各个领域的广泛渗透给社会带来了新的发展机会，也使社会面临着新的挑战。各种传统行业知识更新加快，各种高新技术产业，包括信息产业对从业人员的知识结构有了更高的要求。大多数科学技术含量较高的行业，要求其求职者具备计算机的基本知识和基本技能。掌握计算机的基本知识和基本技能、掌握计算机网络和多媒体技术的使用技能是社会各行各业对求职者的共同要求，是从业人员必须具备的基本素质。

信息化社会要求计算机人才具有较高的综合素质和创新能力，并对新技术的发展具有良好的适应性。信息技术的发展日新月异，信息产业是国民经济中发展最快的产业。

11.7.1 计算机类专业的工作领域

与计算机学科有关的工作领域，在不同的计算机技术发展和应用时期有不同的划分，目前与开设专业相关的领域如下：

1. 人工智能

人工智能是研究、开发用于模拟、延伸和扩展人的智能的理论、方法、技术及应用系统的一门新的技术科学。主要利用一系列相关技术为各个领域提供智能化升级改造服务，以提高其智能化水平，也是今后若干年计算机理论和应用最活跃的领域。

2. 大数据工程

大数据工程指大数据的规划、建设、运营、管理的系统工程。利用大数据相关技术可进行事物的发展趋势研究、相关因素研究和关系紧密程度研究，为政府治理、企业管理服务。

3. 软件工程

软件工程是指软件的工程化开发和研究，注重计算机系统软件的开发和工具软件的应用。此外，社会上各类企业的相关应用软件也需要大量的软件工程师参与开发或维护。这类人员除了要有较好的数学基础和程序设计能力外，也应熟知软件生产过程中管理的各个环节。

4. 计算机信息系统

这个领域的工作涉及社会上各种企业的信息中心或网络中心等部门。这类工作一般要求对商业运作有一定了解。具备一些商业知识的计算机科学技术专业的学生以及目前管理信息系统专业的学生能胜任此类工作。

5. 计算机科学

该领域内的计算机科学技术工作者把重点放在研究计算机系统中软件与硬件之间的关系，开发可以充分利用硬件新功能的软件以提高计算机系统的性能。这个领域内的职业主要包括研究人员及大学的专业教师。

6. 计算机工程

这个领域中的工作比较侧重计算机系统的硬件，注重新的计算机和计算机外部设备的研究开发及网络工程等。这些行业的专业性要求也很高，计算机类专业或电子信息类专业的学生可以胜任此类工作。

7. 物联网工程

这个领域中的工作侧重物联网工程项目的规划、集成、实施、推广等，需要学生掌握感知层、网络层、应用层的各项应用技术，对需要的硬件设施、配件有较深入的了解，在应用接口和应用层系统编程方面有较熟练的技能。物联网技术专业的学生适合这项工作。

11.7.2 与计算机类专业相关的职位

与计算机专业相关的职位很多，下面对主要职位给予简单的介绍。

1. 数据分析师

数据分析是指用适当的统计分析方法对收集来的大量数据进行分析，提取有用信息和形成结论而对数据加以详细研究和概括总结的过程。数据分析师要熟练搭建数据分析框架，掌握和使用相关的分析常用工具和基本的分析方法，进行数据搜集、整理、分析，为企业管理、销售、运营提供具有指导性的分析意见，辅助领导决策。

2. 人工智能工程师

人工智能工程师能利用机器视觉、机器学习、深度学习、自然语言处理与语音识别等技术进行各行各业智能信息处理、行业智能应用软件开发工作，提高各领域的智能化水平。这是未来十年最有活力的岗位。

3. 软件开发工程师

软件开发工程师，能够根据软件设计说明书，从事软件设计开发或程序维护工作。软件开发工程师应学会使用几种程序设计语言，如 C ++ 、Java、Python 等。许多系统分析师往往是从软件开发工程师发展起来的。

4. 软件评测工程师

软件评测工程师能够根据软件设计详细说明书的要求，根据测试计划、测试用例和测试装置对产品各个方面的质量进行分析、统计，向相关的部门提供产品的质量和状况方面的报告文档。一般要求熟悉软件开发生命周期，熟悉白盒、黑盒、集成、性能和压力测试的步骤规则，会使用网络分析工具和软件自动化测试工具等。

5. Web 开发工程师

Web 开发工程师主要从事网站应用程序开发、网站维护、网页制作、软件编码、软件测试、系统支持、软件销售、数据库管理与应用等工作，推进企事业单位信息化。

6. UI 设计师

UI 的本义就是用户界面，是英文 User 和 Interface 两个单词的缩写，所以"UI 设计师"顾名思义就是从事软件界面美观整体设计的人，还包括软件的人机交互和操作逻辑的实现，包括高级网页设计和移动应用界面设计。

7. 嵌入式工程师

嵌入式工程师从事嵌入式系统设计和开发，包括硬件系统的建立和相关软件的开发、移植、调试等工作。

8. 物联网工程师

物联网工程师从事物联网工程项目的规划、集成、实施、推广等。其需要掌握感知层、网络层、应用层的各项应用技术，对需要的硬件设施、配件有较深入的了解，在应用接口和应用层系统编程方面有较熟练的技能。

9. 系统分析师

系统分析师通过概括系统的功能和界定系统来领导和协调需求获取以及用例建模。例如，确定存在哪些角色和用例，以及它们之间如何交互。一个系统分析师应该具备 3 个素质：正确理解客户的需求、选择正确的技术方向和说服用户采纳建议。

10. 数据库管理工程师

数据库管理工程师主要从事企事业单位数据库管理、软件开发、专业数据库应用设计与

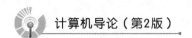

开发、信息管理系统开发、企事业单位网络管理、软件销售等工作。

11. 移动应用开发工程师

移动应用开发工程师主要从事移动设备应用开发、移动网站开发、软件测试、系统支持、软件销售、企事业单位软件集成等工作。

12. 网络工程师

网络工程师是从事网络技术方面工作的专业人才，负责计算机网络的规划、设计、实施和日常维护管理，需具备一定的网络编程、网络安全管理知识和能力，以及开发网络应用的能力。

11.7.3　用人单位对求职者的要求

作为在校大学生，有必要了解用人单位对求职者的要求，以便在大学期间努力培养社会所需要的素质和能力。用人单位对求职者主要有以下几方面的要求。

1. 自学能力

一个人的知识的数量是重要的，而获取知识的愿望与能力更重要。由于知识更新的速度极快，作为认知的主体，学习者的信息加工能力，特别是信息筛选能力显得格外重要。

2. 表达能力

要能把问题说清楚，把论文、报告、论著、课题申请书以及信件写清楚。要高屋建瓴，抓住重点，作切中要害地说明问题，要能够说服人。要由近及远，由浅入深，能够触类旁通。

3. 组织能力

工科院校的大多数毕业生毕业后会开发工程，这时组织能力非常重要。锻炼组织能力的最好办法是积极参与学校的活动，参与老师的课题，从中学习一个项目是怎么组织运行的。

4. 团结协作能力

善于与他人协作已被视为当代人才的重要素质。

5. 开拓创新能力

计算机专业的学生必须看清技术的发展方向，时刻准备面对业界的变化和挫折。学生不仅要有深厚的专业理论知识，还要具有适应计算机技术不断更新和发展的能力。

11.8　职业道德规范

道德哲学是哲学的一个分支，是调整人们之间以及个人和社会之间关系的行为规范的总和，它以善和恶、正义和非正义、公正和偏私、诚实和虚伪等道德概念来评价人们的各种行为和调整人们之间的关系；通过各种形式的教育和社会舆论的力量，使人们逐渐形成一定的信念、习惯、传统而发生作用。道德行为就是基于伦理价值而建立的一套道德原则。

11.8.1 计算机从业人员的职业道德和行为准则

计算机从业人员有与众不同的职业道德和行为准则，这些职业道德和行为准则是每一个计算机从业人员都要共同遵守的。

1. 职业道德的概念

所谓职业道德，就是同人们的职业活动紧密联系的、符合职业特点所要求的道德准则、道德情操与道德品质的总和。

每个从业人员，不论从事哪种职业，在职业活动中都要遵守道德。职业道德不仅是从业人员在职业活动中的行为标准和要求，而且还是本行业对社会所承担的道德责任和义务。职业道德是社会道德在职业生活中的具体化。

职业道德作为一种特殊的道德规范，有以下4个主要特点：

（1）在内容方面，职业道德总是要鲜明地表达职业义务、职业责任以及职业行为上的道德准则。

（2）在表现形式方面，职业道德往往比较具体、灵活、多样。它总是从本职业的交流活动的实际出发，采用制度、守则、公约、承诺、誓言以及标语口号等形式。

（3）从调节范围来看，职业道德一方面用来调节从业人员内部关系，加强职业、行业内部人员的凝聚力，另一方面也用来调节从业人员与其服务对象之间的关系，用来塑造本职业从业人员的形象。

（4）从产生效果来看，职业道德既能使一定的社会或阶级的道德原则和规范职业化，又能使个人道德品质成熟化。

2. 计算机从业人员的职业道德

任何一个行业的职业道德都有其基础的、具有行业特点的原则，计算机行业也不例外，计算机从业人员的职业道德准则主要有以下两项：

一是计算机专业人员应当以公众利益为目标。这一原则可以解释为以下8点：

（1）对负责的工作承担完全的责任；

（2）用公众的目标协调软件工程师、公司、客户和用户之间的利益；

（3）应在确信软件是安全的、符合规格说明的、经过合适测试的、不会降低生活品质、影响隐私权或有害环境的条件之下批准软件，一切工作以大众利益为前提；

（4）当有理由相信有关的软件和文档可以对用户、公众或环境造成任何实际或潜在的危害时，应向当局的有关部门揭露；

（5）通过合作解决由软件及其安装、维护、支持或文档引起的社会严重关切的各种事项；

（6）在所有有关软件、文档、方法和工具的申述中，特别是与公众相关的申述中，力求实事求是，避免欺骗；

（7）认真考虑诸如体力残疾、资源分配、经济缺陷和其他可能影响使用软件益处的各种因素；

（8）应致力于将自己的专业技能用于公众事业和公共教育的发展。

二是在保持公众利益的原则下，计算机从业人员应注意保证客户和公司的利益。这一原则可以解释为以下9点：

（1）在其胜任的领域提供服务，对其经验和教育方面的不足应持诚实和坦率的态度；

（2）不明知故犯使用从非法或非合理渠道获得的软件；

（3）在客户或公司知晓和同意的情况下，只在适当准许的范围内使用客户或公司的资产；

（4）保证遵循的文档按要求经过授权批准；

（5）只要工作中所接触的机密文件不违背公众利益和法律，对这些文件所记载的信息必须严格保密；

（6）根据其判断，如果一个项目有可能失败，或者费用过高，违反知识产权法规，或者存在问题，应立即确认、作文档记录、收集证据并报告客户或公司；

（7）当知道软件或文档有涉及社会关切的明显问题时，应确认、作文档记录，并报告给公司或客户；

（8）不接受不利于本公司工作的外部工作；

（9）不提倡与公司或客户的利益冲突，除非出于符合更高道德规范的考虑，在后者情况下，应通报公司或另一位涉及这一道德规范的适当的当事人。

3. 其他要求

除了以上基础要求和原则外，对于计算机从业人员还有一些其他的职业道德规范应当遵守，比如：

（1）按照有关法律、法规和有关机关的内部规定建立计算机信息系统；

（2）以合法用户的身份进入计算机信息系统；

（3）在工作中尊重各类著作权人的合法权利；

（4）在收集、发布信息时尊重相关人员的名誉、隐私等合法权益。

4. 计算机从业人员的行为准则

所谓行为准则就是一定人群从事一定事务时其行为所应当遵循的规则，一个行业的行为准则就是一个行业的从业人员日常工作的行为规范。目前国内权威部门和国际行业组织都没有发布过统一的计算机从业人员行为准则，鉴于计算机从业人员属于科技工作者，参照《中国科学院科技工作者科学行为准则》的部分内容可总结出计算机从业人员的行为准则如下：

（1）爱岗敬业；

（2）严谨求实；

（3）严格操作；

（4）优质高效；

（5）公正服务。

11.8.2　计算机用户道德

用户道德是一个容易被忽视的问题，比如，几乎每个计算机使用者都遇到过盗版软件，但对反对盗版软件的态度并不是很明确，人们不能做到每次都能自觉地使用正版软件。这就涉及计算机用户道德的问题。

用户道德主要涉及以下几个方面的内容。

1）不使用盗版软件

软件盗版是指未经授权复制有版权的软件，有关法律对拷贝和使用有版权软件却不付费是禁止的。

有些程序是免费提供给所有人的，这种软件称作自由软件，用户可以合法地复制或下载。

还有一种被称作共享软件的软件，它的创作者将它提供给所有的人复制和试用。作为回报，如果用户在试用后仍想继续使用这个软件，软件的版权拥有者有权要求用户登记和付费。

大部分软件是有版权的软件，法律禁止对这些软件不付费地复制和使用。大多数软件公司不反对为软件作备份，以防磁盘数据丢失或破坏。但是，用户不应该制作备份送给其他人使用或出售。

2）不对未经授权的计算机进行访问

访问未经授权的计算机是一种违法的行为。"黑客"最初是用来称呼那些试图测试计算机程序能力极限的计算机用户。但后来当某些人尝试非法访问计算机系统时，新闻媒体就用"黑客"来称呼那些试图未经授权对计算机系统进行访问的人。"黑客"的行为是错误的，一些对计算机知识有着深入了解的人，为了展示自己的才能，实现自我价值，或被利益诱惑而成为"黑客"，并对一些政府部门或企业的内网进行攻击，这些都是违法的行为。所以，不管他们是进行恶意还是非恶意的入侵，只要对企业和政府部门的网络构成威胁，就会受到法律的制裁。

3）使用网络时应自律

青少年是好奇心强、喜欢新鲜事物的群体，但在道德理念方面还不够成熟，责任心也较为淡薄。他们会不自觉地成为网络影响的主要对象，也是人们要重点保护的对象。所以，要积极教育和引导青少年，倡导文明使用计算机网络，以便更好地利用现代计算机网络提供的丰富资源。2001年11月22日，共青团中央、教育部、文化部①、国务院新闻办公室、全国青联、全国学联、全国少工委及中国青少年网络协会联合召开网上发布大会，向社会正式发布《全国青少年网络文明公约》。其内容如下：

（1）要善于网上学习，不浏览不良信息；

（2）要诚实友好交谈，不侮辱欺诈他人；

（3）要增强自护意识，不随意约会网友；

---

① 文化部：今为文化和旅游部。

（4）要维护网络安全，不破坏网络秩序；

（5）要有益身心健康，不沉溺虚拟空间。

《全国青少年网络文明公约》的出台对于促进青少年安全文明上网，动员全社会共同营造纯净、优良的网络空间具有十分积极的意义。广大青少年应该认真履行《全国青少年网络文明公约》，在网上积极开展学习、交流和创新活动。

● 本 章 小 结

本章主要介绍了计算机新一代信息技术和就业的相关知识，主要有以下要点：

（1）云计算、大数据、人工智能、虚拟现实，以及前面介绍的移动互联网、物联网、电子商务等新一代信息技术的主要内涵和应用；

（2）国家"互联网＋"行动计划的内涵、目标和覆盖的产业领域；

（3）计算机类专业的就业岗位及要求；

（4）信息技术产品的生产者应该遵守的职业道德规范。

● 练 习 题

1. 谈谈对云计算、大数据、人工智能、区块链、虚拟现实的认识。

2. 结合国家"互联网＋"行动计划，描述自己未来5～10年的梦想。

3. 说明所在专业的主要就业方向和可能的具体岗位。

4. 计算机类专业从业人员的行为准则是什么？

5. 通过"计算机导论"课程的学习有哪些收获？对该课程有何建议？